"十一五"国家重点图书

● 数学天元基金资助项目

俄罗斯数学教材选译

自然科学问题的数学分析

ZIRAN KEXUE WENTI DE SHUXUE FENXI

□ B. A. 卓里奇　著

□ 周美珂　李　植　译

高等教育出版社·北京
HIGHER EDUCATION PRESS　BEIJING

图字：01-2011-3589 号

B. A. Зорич, Математический анализ задач естествознания.
МЦНМО, Москва, 2008

Originally published in Russian under the title
Mathematical Analysis of Problems in the Natural Science
by V. A. Zorich (Moscow 2008) MCCME
(Moscow Center for Continuous Mathematical Education Publ.)

图书在版编目（CIP）数据

自然科学问题的数学分析 /（俄罗斯）卓里奇著；周美珂，李植译. -- 北京：高等教育出版社，2012. 8（2016. 8 重印）
ISBN 978-7-04-034524-7

Ⅰ. ①自… Ⅱ. ①卓… ②周… ③李… Ⅲ. ①数学分析—高等学校—教学参考资料 Ⅳ. ① O17

中国版本图书馆 CIP 数据核字（2012）第 088457 号

策划编辑 赵天夫　　责任编辑 李华英　　封面设计 赵 阳　　版式设计 余 杨
责任校对 杨雪莲　　责任印制 耿 轩

出版发行	高等教育出版社	咨询电话	400-810-0598
社　　址	北京市西城区德外大街4号	网　　址	http://www.hep.edu.cn
邮政编码	100120		http://www.hep.com.cn
印　　刷	中国农业出版社印刷厂	网上订购	http://www.landraco.com
开　　本	787mm×1092mm 1/16		http://www.landraco.com.cn
印　　张	10	版　　次	2012 年 8 月第 1 版
字　　数	160 千字	印　　次	2016 年 8 月第 2 次印刷
购书热线	010-58581118	定　　价	45.00 元

本书如有缺页、倒页、脱页等质量问题，请到所购图书销售部门联系调换

物 料 号 34524-00

《俄罗斯数学教材选译》序

从上世纪 50 年代初起, 在当时全面学习苏联的大背景下, 国内的高等学校大量采用了翻译过来的苏联数学教材. 这些教材体系严密, 论证严谨, 有效地帮助了青年学子打好扎实的数学基础, 培养了一大批优秀的数学人才. 到了 60 年代, 国内开始编纂出版的大学数学教材逐步代替了原先采用的苏联教材, 但还在很大程度上保留着苏联教材的影响, 同时, 一些苏联教材仍被广大教师和学生作为主要参考书或课外读物继续发挥着作用. 客观地说, 从解放初一直到 "文化大革命" 前夕, 苏联数学教材在培养我国高级专门人才中发挥了重要的作用, 起了不可忽略的影响, 是功不可没的.

改革开放以来, 通过接触并引进在体系及风格上各有特色的欧美数学教材, 大家眼界为之一新, 并得到了很大的启发和教益. 但在很长一段时间中, 尽管苏联的数学教学也在进行积极的探索与改革, 引进却基本中断, 更没有及时地进行跟踪, 能看懂俄文数学教材原著的人也越来越少, 事实上已造成了很大的隔膜, 不能不说是一个很大的缺憾.

事情终于出现了一个转折的契机. 今年初, 在由中国数学会、中国工业与应用数学学会及国家自然科学基金委员会数学天元基金联合组织的迎春茶话会上, 有数学家提出, 莫斯科大学为庆祝成立 250 周年计划推出一批优秀教材, 建议将其中的一些数学教材组织翻译出版. 这一建议在会上得到广泛支持, 并得到高等教育出版社的高度重视. 会后高等教育出版社和数学天元基金一起邀请熟悉俄罗斯数学教材情况的专家座谈讨论, 大家一致认为: 在当前着力引进俄罗斯的数学教材, 有助于扩大视野, 开拓思路, 对提高数学教学质量、促进数学教材改革均十分必要.《俄罗斯数学教材选译》系列正是在这样的情况下, 经数学天元基金资助, 由高等教育出版社组织出版的.

经过认真选题并精心翻译校订, 本系列中所列入的教材, 以莫斯科大学的教材为主, 也包括俄罗斯其他一些著名大学的教材. 有大学基础课程的教材, 也有适合大学高年级学生及研究生使用的教学用书. 有些教材虽曾翻译出版, 但经多次修订重版, 面目已有较大变化, 至今仍广泛采用、深受欢迎, 反射出俄罗斯在出版经典教材方面所作的不懈努力, 对我们也是一个有益的借鉴. 这一教材系列的出版, 将中俄数学教学之间中断多年的链条重新连接起来, 对推动我国数学课程设置和教学内容的改革, 对提高数学素养、培养更多优秀的数学人才, 可望发挥积极的作用, 并起着深远的影响, 无疑值得庆贺, 特为之序.

李大潜

2005 年 10 月

前　言

这是一本自然科学内容的小书，面向数学工作者，适合不同方向发展的需要.

本书介绍了伽利略、牛顿、欧拉、伯努利、卡诺、克劳修斯、玻尔兹曼、吉布斯、庞加莱、爱因斯坦、普朗克、薛定谔、卡拉泰奥多里、柯尔莫戈洛夫、科捷利尼科夫、香农 …… 的某些研究成果.

当然，《自然科学问题的数学分析》这一书名只是反映了本书的意向，并不保证能够提供一套轻而易举解决所有问题的万能方法. 作者只选择了非常有限的三个专题.

我们发现，令人尊敬的数学家，如阿基米德、牛顿、莱布尼茨、欧拉、高斯、庞加莱等，都不仅是数学家，而且还是学者、自然哲学家.

在数学中，重要的具体科学问题的解决与抽象的一般理论的建立，就如同呼吸一样，是连续不断的过程. 长时间破坏这个平衡是很危险的.

我们不能做离岸浮冰上的垂钓者.

赫尔曼 · 外尔说过："现实的数学，作为统一的真实世界的理论结构的一部分，在思维中原本应与物理学融为一体 ……" 顺便说一句，

在我们的物理 – 数学科学博士学位证书中现在还保留有这样的话.

最后, 我对所有帮助修改初稿的人表示感谢. 特别感谢 В. И. 阿诺尔德, 他对一百多页文稿字斟句酌①, 提出了许多尖锐的意见, 作了相应的评注②. 如果我在这里没有采纳同事们的所有建议和要求, 这绝不意味着我不重视, 因为, 我首先已经把它们当作思考和讨论的对象.

В. 卓里奇

莫斯科, 2007

①这并非夸大其词: 由于打印机的意外问题, 送给 В. И. 阿诺尔德看的文件出现错误, 某些俄文字母全部被替换成了别的字母 (要知道, 在这种情况下, 可能发生相当滑稽可笑的事情). 而 В. И. 阿诺尔德呢, 他把所有打印错误都顺手修改了.

②例如, 专题一的讨论是 “胡言乱语”. 关于这个问题我应预先告诉读者. 还请参看第 20 页的脚注.

目 录

专题一

物理量的量纲分析

引 言

抽象的数, 例如 1 或 $2\frac{2}{3}$, 以及抽象的数的算术运算, 例如, 不管相加的是苹果还是大象, 2 加 3 永远等于 5 $(2+3=5)$, 这些都是人类文明中可以与文字的产生相比的伟大成就. 我们对此已是如此习以为常, 甚至已经觉察不到, 在数学的惊人效力之下仍然存在一些奇妙之处.

如果你知道一个数所涉及的对象, 那么, 通常立刻就同时出现一些附加的可能性和限制条件. 记得有一首儿歌:

"我的答案是二又三分之二个挖土工人!?"

不错, 在算术中允许有数 $2\frac{2}{3}$, 但在这个具体场合却不允许.

在与有量纲的量而不是抽象的数有关的具体问题中, 应该怎样运用数呢?

有涉及这个问题的某种学问吗? 有, 而且并不深奥. 每个合格的自然科学工作者都知道这个理论 (也知道不会应用这个理论的危险). 现在, 我们就来讲述这个理论.

第一章　理论基础

§1. 物理量的量纲 (初步知识)

1.1. 测量、测量单位、测量过程

这里列举的都是一些基础性概念，一些最有代表性的科学家，首先是物理学家和数学家，都曾对它们进行过深入的分析. 这种分析是对空间、刚体、运动、时间、因果关系等概念的分析.

我们不打算深入讨论这些问题，但必须指出，任何理论都只能对一定范围中的对象在一定的限度内作出好的刻画. 至于范围限度到底是怎样的，很遗憾，一般都是直到出现与这个理论有矛盾的实际情况时，才有可能搞清楚. 通常正是在这个时候，我们就会回过头来，重新审查理论的基础，对它进行细致的分析和必要的改造.

而现在，让我们先来积累一些通俗易懂的有用的具体材料.

1.2. 基本单位和导出单位

在生活中，我们常常使用这样或那样的单位测量长度、质量、时间、力、速度、能量、强度 …… 这些单位中有一部分被分出来作为

基本单位, 其他的就是导出单位.

基本单位的例子:

L —— 长度单位 (米 或 m),

M —— 质量单位 (千克 或 kg),

T —— 时间单位 (秒 或 s).

导出单位的例子:

v —— 速度 (米/秒 或 m/s), $[v] = LT^{-1}$①,

V —— 体积 (米^3 或 m^3), $[V] = L^3$,

a —— 加速度 (米/秒^2 或 m/s^2), $[a] = LT^{-2}$,

l —— 光年, $[l] = [cT] = L$,

F —— 力, $F = ma$, $[F] = [ma] = MLT^{-2}$.

力学物理量的量纲的一般形式是 $L^{d_1}M^{d_2}T^{d_3}$; $\{d_1, d_2, d_3\}$ 是在基底 $\{L, M, T\}$ 下的量纲向量.

我们来研究这种向量在代数–几何方面与已知向量相似的一些性质.

1.3. 相互关联和相互独立的单位

例 量 v, a, F 的单位是独立的②, 从而也可以把它们取作基本单位, 因为 $[L] = v^2a^{-1}$, $[M] = Fa^{-1}$, $[T] = va^{-1}$.

这刻画了量纲向量空间与向量空间在基底、无关向量组方面的相似性 (这种相似性的更深刻的意义将在后面揭示).

§2. 物理量的量纲公式

2.1. 当基本单位的大小变化时物理量的数值的变化

例 如果以千米为单位测量距离 (也就是说, 不取米, 而取它的

①译者注: 习惯上用 $[X]$ 表示物理量 X 的量纲.

②译者注: "独立" 的含义是其中任一个量的量纲都不能表示成其余的量的量纲的幂之积, 这等价于它们的量纲向量线性无关. 几个物理量是相互关联的, 指的是它们的量纲向量线性相关.

1000 倍作为测量单位), 那么, 同一个物体的长度关于这两个长度单位有不同的数值, 亦即, $1\,\mathrm{km} = 10^3\,\mathrm{m}$, $L\,\mathrm{km} = 10^3 L\,\mathrm{m}$, $1\,\mathrm{m} = 10^{-3}\,\mathrm{km}$, $L\,\mathrm{m} = 10^{-3}L\,\mathrm{km}$. 这样一来, 长度单位变化至 α 倍将导致所有被测量长度的数值变化至 α^{-1} 倍, 即 L 以 $\alpha^{-1}L$ 代替.

对于质量和时间的测量单位 (吨、克、毫克; 小时、昼夜、年、毫秒, 等等), 情况也是这样.

因此, 如果一个物理量在基底 $\{L, M, T\}$ 下具有量纲 $L^{d_1}M^{d_2}T^{d_3}$, 亦即 $\{d_1, d_2, d_3\}$ 是它的量纲向量, 则当长度、质量和时间的测量单位分别变化至 $\alpha_1, \alpha_2, \alpha_3$ 倍时, 这个量在该基底下的数值显然应变化至 $\alpha_1^{-d_1}\alpha_2^{-d_2}\alpha_3^{-d_3}$ 倍.

2.2. 关于同型物理量的测量值之比的不变性假设

例 三角形的面积是其三条边长的函数 $y = f(x_1, x_2, x_3)$①. 取另一个三角形, 计算它的面积 $\overline{y} = f(\overline{x}_1, \overline{x}_2, \overline{x}_3)$.

当长度单位的大小变化时, y 与 $\overline{y}$ 的数值随之变化, 但这时它们的比 $\overline{y}/y$ 是不变的②.

设现在有两个同类型的物理量

$$y = f(x_1, x_2, \cdots, x_m), \qquad \overline{y} = f(\overline{x}_1, \overline{x}_2, \cdots, \overline{x}_m),$$

①译者注: 这里的函数 f 与长度单位和面积单位的选取有关, x_1, x_2, x_3 表示的是三角形三条边的长度, 都是物理量. $f(x_1, x_2, x_3)$ 是面积, 也是物理量. 因此, $y = f(x_1, x_2, x_3)$ 是物理量之间的关系式.

②译者注: 具体地说, 取 L 为长度单位时, 三条边长分别为 x_1L, x_2L, x_3L 的三角形的面积为 $f(x_1, x_2, x_3)$, 因此, 在基 L 下, 边长数值为 x_1, x_2, x_3 的三角形 $\triangle$ 和边长数值为 $\overline{x}_1, \overline{x}_2, \overline{x}_3$ 的三角形 $\overline{\triangle}$ 的面积之比为 $f(x_1, x_2, x_3)/f(\overline{x}_1, \overline{x}_2, \overline{x}_3)$. 现在把长度单位换成 $\widetilde{L}$, 记边长为 $\xi_1\widetilde{L}, \xi_2\widetilde{L}, \xi_3\widetilde{L}$ 的三角形的面积为 $\tilde{f}(\xi_1, \xi_2, \xi_3)$. 这里说的 y 与 $\overline{y}$ 之比不变就是: 如果 $x_iL = \xi_i\widetilde{L}$, $\overline{x}_iL = \overline{\xi}_i\widetilde{L} (i = 1, 2, 3)$, 则

$$\frac{f(\overline{x}_1, \overline{x}_2, \overline{x}_3)}{f(x_1, x_2, x_3)} = \frac{\tilde{f}(\overline{\xi}_1, \overline{\xi}_2, \overline{\xi}_3)}{\tilde{f}(\xi_1, \xi_2, \xi_3)}.$$

不难看出, 我们说"f 是将物理量(三个长度)映成物理量(面积)的映射"的本意正在于此.

它们依赖于任何有限数量的一组物理量 (不仅仅是三个), 这些物理量仅由长度 (或仅由质量, 时间 ……) 构成.

在量纲理论中采用以下基本假设 —— 比值绝对性假设①:

$$\frac{\overline{y}}{y}=\frac{f(\overline{x}_1,\overline{x}_2,\cdots,\overline{x}_m)}{f(x_1,x_2,\cdots,x_m)}=\frac{f(\alpha\overline{x}_1,\alpha\overline{x}_2,\cdots,\alpha\overline{x}_m)}{f(\alpha x_1,\alpha x_2,\cdots,\alpha x_m)}. \tag{1}$$

换句话说, 就是假定, 当改变基本单位 (长度、质量、时间 ……) 的大小时, 同类型物理量 $y,\overline{y}$ (所有的面积、所有的体积、所有的速度、所有的力 ……) 的值按相同的 (仅由物理量的类型决定的) 倍数改变.

2.3. 物理量在给定基底下的量纲函数和量纲公式

等式 (1) 表明, 比值

$$\frac{f(\alpha x_1,\alpha x_2,\cdots,\alpha x_m)}{f(x_1,x_2,\cdots,x_m)}=:\varphi(\alpha)$$

只依赖于 α, 由此能求出函数 $\varphi(\alpha)$ 的形式.

我们首先指出,

$$\frac{\varphi(\alpha_1)}{\varphi(\alpha_2)}=\varphi\Big(\frac{\alpha_1}{\alpha_2}\Big). \tag{2}$$

事实上,

$$\begin{aligned}\frac{\varphi(\alpha_1)}{\varphi(\alpha_2)}&=\frac{f(\alpha_1x_1,\alpha_1x_2,\cdots,\alpha_1x_m)}{f(\alpha_2x_1,\alpha_2x_2,\cdots,\alpha_2x_m)}\\&=\frac{f\left(\dfrac{\alpha_1}{\alpha_2}x_1,\dfrac{\alpha_1}{\alpha_2}x_2,\cdots,\dfrac{\alpha_1}{\alpha_2}x_m\right)}{f(x_1,x_2,\cdots,x_m)}=\varphi\Big(\frac{\alpha_1}{\alpha_2}\Big).\end{aligned}$$

①译者注: 按上一个译者注所说, 此时应有: 若 $x_iL=\xi_i\widetilde{L}$, $\overline{x}_iL=\overline{\xi}_i\widetilde{L}$, 则

$$\frac{f(\overline{x}_1,\cdots,\overline{x}_m)}{f(x_1,\cdots,x_3)}=\frac{\tilde{f}(\overline{\xi}_1,\cdots,\overline{\xi}_m)}{\tilde{f}(\xi_1,\cdots,\xi_m)}.$$

注意到 $\widetilde{L}=\dfrac{1}{\alpha}L$, 从而 $\tilde{f}(\xi_1,\cdots,\xi_m)=f(\alpha x_1,\cdots,\alpha x_m)$. 因此,

$$\frac{f(\overline{x}_1,\cdots,\overline{x}_m)}{f(x_1,\cdots,x_3)}=\frac{f(\alpha\overline{x}_1,\cdots,\alpha\overline{x}_m)}{f(\alpha x_1,\cdots,\alpha x_m)},\qquad\forall x_1,\cdots,x_m;\overline{x}_1,\cdots,\overline{x}_m;\alpha.$$

由此看来, 比值绝对性假设, 仍然只不过是假定 “f 是物理量之间的函数”. 但是, 如果要研究已知函数关系 f 是不是能作为物理量之间的函数的问题, 就能看出这个假定的提法的好处, 因为它不涉及多个单位.

这里两端的等式是从函数 φ 的定义得到的. 注意到 φ 不依赖于变量 $(x_1, x_2, \cdots, x_m)$, 可把这些变量换成 $\alpha_2^{-1}(x_1, x_2, \cdots, x_m)$, 从而得出中间的等式.

假定 φ 是正常函数, 关于 α_1 将 (2) 式求导, 然后令 $\alpha_1 = \alpha_2$, 就能得到方程

$$\frac{1}{\varphi(\alpha)}\frac{\mathrm{d}\varphi}{\mathrm{d}\alpha} = \frac{1}{\alpha}\varphi'(1).$$

因为 $\varphi(1) = 1$, 在这个条件下, 该方程的解有如下形式:

$$\varphi(\alpha) = \alpha^d.$$

因此, 函数 φ 有这种特定的形式, 原因在于应用了物理量的量纲理论的假设. 在陈述这个假设时, 为了不把开始的研究复杂化, 我们限定所有自变量 $x_1, x_2, \cdots, x_m$ 是同类型的 (长度, 或质量, 或时间, 或速度 $\cdots\cdots$). 显然, 依赖于一组独立物理变量的函数依赖关系可以写成

$$y = f(x_1, x_2, \cdots, x_{m_1}, y_1, y_2, \cdots, y_{m_2}, \cdots, z_1, z_2, \cdots, z_{m_k})$$

的形式, 这里同类型的物理变量组成一组, 并用一个共同的符号表示 (我们不再对物理变量的类型编号).

这时, 由于只有不同组的变量的度量单位是独立的, 根据比值绝对性假设, 我们将得到

$$\frac{f(\alpha_1 x_1, \alpha_1 x_2, \cdots, \alpha_1 x_{m_1}, \cdots, \alpha_k z_1, \alpha_k z_2, \cdots, \alpha_k z_{m_k})}{f(x_1, x_2, \cdots, x_{m_1}, \cdots, z_1, z_2, \cdots, z_{m_k})} = \varphi(\alpha_1, \cdots, \alpha_k).$$

仿前, 可以推出: $\varphi(\alpha_1, \cdots, \alpha_k) = \alpha_1^{d_1} \cdots \alpha_k^{d_k}$, 亦即: 物理量

$$y = f(x_1, x_2, \cdots, x_{m_1}, \cdots, z_1, z_2, \cdots, z_{m_k}),$$

当独立度量单位的大小变化时的变化规律是

$$\begin{aligned} &f(\alpha_1 x_1, \alpha_1 x_2, \cdots, \alpha_1 x_{m_1}, \cdots, \alpha_k z_1, \alpha_k z_2, \cdots, \alpha_k z_{m_k}) \\ &= \alpha_1^{d_1} \cdots \alpha_k^{d_k} f(x_1, x_2, \cdots, x_{m_1}, \cdots, z_1, z_2, \cdots, z_{m_k}). \end{aligned} \tag{3}$$

数组 $(d_1,\cdots,d_k)$ 叫做量 y 的**量纲向量**或它关于给定的独立物理测量单位的**量纲**.

函数 $\varphi(\alpha_1,\cdots,\alpha_n)=\alpha_1^{d_1}\cdots\alpha_k^{d_k}$ 叫做**量纲函数**.

根据上下文, 符号 $[y]$ 或表示量纲向量, 或表示量纲函数.

称一个物理量是**无量纲的**, 如果它的量纲向量为零.

例如, 由于 $\varphi(\alpha_1,\cdots,\alpha_n)=\alpha_1^{d_1}\cdots\alpha_k^{d_k}$ 是上述物理量 y 的量纲函数, 而独立物理量是 $\{x_1,\cdots,x_k\}$, 所以, 比值

$$\Pi:=\frac{y}{x_1^{d_1}\cdots x_k^{d_k}}$$

是无量纲的.

§3. 量纲理论的基本定理

3.1. Π-定理①

现在考察一般的依赖于变量 $x_1,x_2,\cdots,x_n$ 的物理量 y 的情形

$$y=f(x_1,x_2,\cdots,x_k,\cdots,x_n), \tag{4}$$

其中只有前 k 个变量在我们讨论过的量纲理论意义下是量纲独立的.

记后面 $(n-k)$ 个自变量的量纲为②

$$[x_{k+j}]=[x_1]^{d_{j1}}\cdots[x_k]^{d_{jk}}\qquad(j=1,\cdots,n-k).$$

①它也叫做白金汉定理, 因为它出现在白金汉的以下两篇文章中: Buckingham E. On physically similar systems; illustrations of the use of dimensional equations // Phys. Rev. 1914. Vol. 4. P. 345–376; 以及 Buckingham E. The principle of similitude // Nature 1915. Vol. 96, P. 396–397. Π-定理和相似原理早就以不明显的形式出现在 Jeans J. H. 的文章中 (见 Proc. Roy. Soc. 1905. Vol. 76. P. 545), 更不用说, 牛顿和伽利略实际上也已掌握了相似原理. 关于这个问题的历史可在文章 [4] 以及 [5] 的引文中查到, 其中一切都有了, 只是没有 Π-定理这个名字而已.

②译者注: 译者认为原著的这一段有误, 故而, 顺着作者的思路作了改写, 改正了下面 Π_j 的表达式的错误.

根据比值绝对性假设, 对于一切 $x_1, \cdots, x_n, \alpha_1, \cdots, \alpha_k$ 成立

$$\frac{f(\alpha_1 x_1, \cdots, \alpha_k x_k, \cdots, (\alpha_1^{d_{j1}} \cdots \alpha_k^{d_{jk}}) x_{k+j}, \cdots)}{f(x_1, \cdots, x_n)} = \varphi(\alpha_1, \cdots, \alpha_k).$$

由此, 用与本章 2.3 节类似的方法, 可以求出

$$\varphi(\alpha_1, \cdots, \alpha_k) = \alpha_1^{d_1} \cdots \alpha_k^{d_k}.$$

这样一来, 把它代入上式, 就得到与等式 (3) 类似的等式, 然后取 x_1, $x_2, \cdots, x_k$ 作为相应量的测量单位, 亦即令 $\alpha_1 = x_1^{-1}, \cdots, \alpha_k = x_k^{-1}$, 从而改变测量单位的大小, 将得到关系式

$$\Pi = f(1, \cdots, 1, \Pi_1, \Pi_2, \cdots, \Pi_{n-k}), \tag{5}$$

它是无量纲的量

$$\Pi = \frac{y}{x_1^{d_1} \cdots x_k^{d_k}}, \qquad \Pi_j = \frac{x_{k+j}}{x_1^{d_{j1}} \cdots x_k^{d_{jk}}} \quad (j = 1, \cdots, n-k)$$

之间的关系式.

等式 (4) 或 (5) 可以写成

$$y = x_1^{d_1} \cdots x_k^{d_k} f(1, \cdots, 1, \Pi_1, \Pi_2, \cdots, \Pi_{n-k}) \tag{6}$$

的形式.

这样, 我们利用物理量相互依赖关系对比例尺度的齐次性, 即利用前面所说的假设, 就可以从关系式 (4) 导出无量纲量的关系式 (5), 同时减少了变量的个数. 我们可以把它化成与 (5) 等价的关系式 (6), 这时分离出了最大的一组量纲独立变量 $x_1, x_2, \cdots, x_k$, 以便用它们的量纲组成量 y 的量纲.

一般关系式 (4) 能化成更简单的关系式 (5) 或 (6), 这就是所谓的 Π-定理的内容. 这个刚被我们证明了的定理是物理量量纲理论的基本定理.

3.2.　相似原理

Π-定理的内涵、意义、效力以及与之有关的潜在困难, 我们将在下面结合它的具体应用例子进行详细分析.

但是, 应用这个定理的目的是显而易见的 (且不说应用极有成效且令人印象深刻): 无须破坏飞机、轮船及其他物件, 许多试验都可先在实验室中对模型进行, 然后再借助 Π-定理把结果 (譬如, 试验中得到的无量纲关系 (5)) 换算 (根据公式 (6)) 到实际对象的具体尺寸即可.

第二章　应用实例

现在考察一些例子, 从各个方面展现所证明的 Π-定理的作用.

§1. 物体沿圆形轨道运动的回转周期 (相似律)

质量为 m 的物体在中心力 F 作用下沿半径为 r 的圆形轨道运动, 求回转周期

$$P = f(r, m, F).$$

今后我们把基本物理量 (长度、质量、时间) 作为标准力学基底, 并遵照麦克斯韦的做法把该基底记作 $\{L, M, T\}$ (在热力学中, 记号 T 表示绝对温度. 但如不特别声明, 我们暂时用这个记号表示时间单位).

在基底 $\{L, M, T\}$ 下求 P, r, m, F 的量纲向量, 可用下表中的列表示:

	P	r	m	F
L	0	1	0	1
M	0	0	1	1
T	1	0	0	-2

如前所证，量纲函数具有幂函数的形式，所以，对这种函数进行乘法运算，相当于对相应的幂指数作加法运算，亦即最终结果相当于对相应物理量的量纲向量作线性运算.

因此，借助普通的线性代数，即可根据由量的量纲向量构成的矩阵，找出一组相互独立的量，而且，只要把一个量的量纲向量按选定的这组相互独立的量的量纲向量组展开，就能求出这个量关于这组相互独立的量的量纲公式.

于是，在这里，由于 r, m, F 是相互独立的，它们的量纲向量构成的矩阵是非退化的．求出展开式 $[P] = \frac{1}{2}[r] + \frac{1}{2}[m] - \frac{1}{2}[F]$ 后，根据第一章的公式 (6) 立刻就写出

$$P = \left(\frac{mr}{F}\right)^{\frac{1}{2}} \cdot f(1, 1, 1).$$

这样一来，我们求出了 P 对 r, m, F 的依赖关系，精确到一个常数因子 $c = f(1, 1, 1)$ (这个常数原则上可用一次精确的试验确定).

当然，在已知牛顿定律 $F = ma$ 的情况下，容易求出最后的公式，其中 $c = 2\pi$.

但是，我们上面用到的全部条件，仅仅是存在依赖关系 $P = f(r, m, F)$ 的一些一般规定.

§2. 引力常数，开普勒第三定律和牛顿万有引力定律中的幂指数

现在应用牛顿使用过的方法寻求万有引力定律

$$F = G\frac{m_1 m_2}{r^\alpha}$$

中的幂指数 α.

我们将用到上一节讨论问题的结果和当年牛顿已经知道的关于圆形行星轨道的开普勒第三定律：行星 (相对于质量为 M 的居于中心的星体) 运动的回转周期的平方之比等于它们的轨道半径的立方之比.

由上一节和暂时不知其幂指数 α 的万有引力定律, 我们有

$$\left(\frac{P_1}{P_2}\right)^2 = \left(\frac{m_1 r_1}{F_1}\right) \Big/ \left(\frac{m_2 r_2}{F_2}\right) = \left(\frac{m_1 r_1}{m_1 \dfrac{M}{r_1^\alpha}}\right) \Big/ \left(\frac{m_2 r_2}{m_2 \dfrac{M}{r_2^\alpha}}\right) = \left(\frac{r_1}{r_2}\right)^{\alpha+1}.$$

而根据开普勒定律有 $\left(\dfrac{P_1}{P_2}\right)^2 = \left(\dfrac{r_1}{r_2}\right)^3$. 因此, $\alpha = 2$.

§3. 重力摆的振动周期

由于在解决第一个问题时已经作过详细说明, 现在我们可以讲得紧凑些, 只在一些有新情况的地方作些分析.

我们来求摆的振动周期. 准确地说, 是假定有一个质量为 m 的重物, 用没有重量且长为 ℓ 的吊钩吊着, 在相对平衡位置倾斜角为 φ_0 的地方被释放, 求它在重力作用下作周期振动的周期 P.

把 P 记作 $P = f(\ell, m, \varphi_0)$ 是错误的①, 因为同一个摆在地球上和在月球上有不同的振动周期, 原因在于这两个星球表面的重力不同. 在星球表面, 譬如在地球表面, 重力是由在这个星球表面的自由落体的加速度 g 刻画的.

因此, 应当认为 $P = f(\ell, m, g, \varphi_0)$, 它取代不可能成立的关系式 $P = f(\ell, m, \varphi_0)$.

①译者注: 这个错误在于 ℓ, m, φ_0 不是决定 P 的全部相互独立的物理变量, 其具体表现是等号左端的 P 的量纲, 不是等号右端的 ℓ, m, φ_0 的量纲的导出量纲 (从而, 对 $P = f(\ell, m, \varphi_0)$ 不能应用 Π-定理). 这种错误, 用没有新的物理内容的数学形式变换是克服不了的. 根据 Π-定理, 我们可以断言 P 不仅依赖于 ℓ, m, φ_0, 还会有其他物理量, 把它们加入到 ℓ, m, φ_0 中去以后, 应能导出 P 的量纲. 自然, 为了找出具体答案, 这时需要做新的试验.

我们写出所有这些量在基底 $\{L, M, T\}$ 下的量纲向量:

$$\begin{array}{cccccc} & P & \ell & m & g & \varphi_0 \\ L & 0 & 1 & 0 & 1 & 0 \\ M & 0 & 0 & 1 & 0 & 0 \\ T & 1 & 0 & 0 & -2 & 0 \end{array}$$

易见, 向量 $[\ell], [m], [g]$ 是独立的且 $[P] = \frac{1}{2}[\ell] - \frac{1}{2}[g]$.

由此, 根据第一章用关系式 (6) 表示的 Π-定理,得到

$$P = \left(\frac{\ell}{g}\right)^{\frac{1}{2}} \cdot f(1, 1, 1, \varphi_0).$$

这样, 我们求出了公式: $P = c(\varphi_0)\sqrt{\frac{\ell}{g}}$, 其中的无量纲因子 $c(\varphi_0)$ 只依赖于无量纲初始倾角 φ_0 (用弧度度量).

$c(\varphi_0)$ 的精确值也是可以求出的, 虽然这一次不像以前那么简单. 可以这样做: 求解重力摆振动方程并把问题归结为椭圆积分

$$F(k, \varphi) = \int_0^{\varphi} \frac{\mathrm{d}\theta}{\sqrt{1 - k^2 \sin^2 \theta}}.$$

可以发现, 正好有 $c(\varphi_0) = 4K\left(\sin\left(\frac{1}{2}\varphi_0\right)\right)$, 其中 $K(k) := F\left(k, \frac{1}{2}\pi\right)$.

§4. 溢流堰的体积流量和质量流量

在很宽的梯形台阶状的溢流堰上, 位于顶部平台的水在重力作用下落下, 形成瀑布. 顶部平台的水深 h 是已知的, 欲求单位时间内从单位宽堰体流下的水的体积 V.

我们对这个物理现象的机制的初步想象是 $V = f(g, h)$.

进一步考虑, 这种现象是由重力引起的, 所以, 除量纲常数 g (自由落体加速度) 外, 为慎重起见再引进液体的密度 ρ, 亦即, 设

$$V = f(\rho, g, h).$$

首先写出量纲向量表:

$$\begin{array}{ccccc} & V & \rho & g & h \\ L & 2 & -3 & 1 & 1 \\ M & 0 & 1 & 0 & 0 \\ T & -1 & 0 & -2 & 0 \end{array}$$

易见, 向量 $[\rho],[g],[h]$ 是无关的且 $[V]=\dfrac{1}{2}[g]+\dfrac{3}{2}[h]$.

现在, 根据 Π-定理得

$$V=g^{\frac{1}{2}}h^{\frac{3}{2}}\cdot f(1,1,1).$$

这样一来, $V=c\cdot g^{\frac{1}{2}}h^{\frac{3}{2}}$, 其中 c 是待定的常数因子, 譬如, 可通过实验来确定.

显然, 这时的质量流量 Q 等于 ρV. 关于 Q, 对形如 $Q=f(\rho,g,h)$ 的关系式直接进行量纲分析, 也可得到同样的公式.

§5. 球在无黏介质中运动时受到的阻力

半径为 r 的一个球在密度为 ρ 的无黏介质中以速度 v 移动. 我们要求出这时作用到球上的阻力 (当然, 也可以认为球是静止的, 而流体以速度 v 向球流动, 这正是风洞试验的典型情况).

写出一般关系式 $F=f(\rho,v,r)$, 并分析它的量纲向量:

$$\begin{array}{ccccc} & F & \rho & v & r \\ L & 1 & -3 & 1 & 1 \\ M & 1 & 1 & 0 & 0 \\ T & -2 & 0 & -1 & 0 \end{array}$$

易见, 向量 $[\rho],[v],[r]$ 是无关的且 $[F]=[\rho]+2[v]+2[r]$.

现在, 根据 Π-定理得

$$F=\rho v^2r^2\cdot f(1,1,1). \tag{1}$$

这样一来, $F=c\cdot\rho v^2r^2$, 其中 c 是无量纲常数系数.

§6. 球在黏性介质中运动时受到的阻力

在叙述这个问题之前, 先来回忆一下介质的黏度概念并求出黏度的量纲.

如果在黏稠蜂蜜的表面放一张纸, 那么, 为了沿表面移动这张纸, 必须施加一定的力. 施于黏附在蜂蜜表面的纸片的力 F, 在一阶近似的精度下, 正比于纸片的面积 S 和它的移动速度 v, 而反比于从蜂蜜表面到底部的距离 h, 而在底部, 蜂蜜黏附在器皿上静止不动, 虽然在它上面的蜂蜜在移动 (如同河流一样).

于是, $F = \eta \cdot Sv/h$, 这个关系式中的系数 η 依赖于介质 (蜂蜜、水、空气 $\cdots\cdots$), 叫做介质的**黏度**.

比值 $\nu = \eta/\rho$ (ρ 是介质的密度) 常出现在流体动力学问题中, 叫做**介质的运动黏度**.

我们先来求这些量在标准基底 $\{L, M, T\}$ 下的量纲. 因为 $[\eta] = [FhS^{-1}v^{-1}]$, 黏度在这个基底下的量纲函数有 $\varphi_\eta = L^{-1}M^1T^{-1}$ 的形式, 而它的量纲向量为 $[\eta] = (-1, 1, -1)$.

对于运动黏度, 有 $[\nu] = [\eta]/[\rho]$, 因此, $\varphi_\nu = L^2M^0T^{-1}$ 且 $[\nu] = (2, 0, -1)$.

现在尝试着在黏性介质情况下解上一节研究的球在介质中运动所受的阻力的问题.

这一次作为出发点的依赖关系, 看得出来, 应是 $F = f(\eta, \rho, v, r)$.

按照量纲向量表

	F	η	ρ	v	r
L	1	−1	−3	1	1
M	1	1	1	0	0
T	−2	−1	0	−1	0

对它进行分析.

易见, 向量 $[\rho], [v], [r]$ 是无关的, $[F] = [\rho] + 2[v] + 2[r]$, 而 $[\eta] = [\rho] + [v] + [r]$.

现在, 根据 Π-定理得到

$$F = \rho v^2 r^2 \cdot f(\mathrm{Re}^{-1}, 1, 1, 1). \tag{2}$$

这里 $f(\mathrm{Re}^{-1}, 1, 1, 1)$ 仍是未知的函数, 它依赖于一个无量纲参数

$$\mathrm{Re} = \rho v r/\eta = v r/\nu, \tag{3}$$

这个参数在流体动力学问题中起着关键作用.

无量纲量 Re (它是惯性力与黏性力之比) 叫做**雷诺数**, 是以英国物理学家和工程师奥斯本 · 雷诺的名字命名的. 雷诺 1883 年在他的关于湍流的文章中首先注意到这个量.

人们发现, 当雷诺数增加, 譬如流速变大或介质黏性变小时, 流动的特点将发生结构性变化 (所谓分岔), 从稳定的层流发展为湍流和混沌.

刚讨论过的两个问题的结果 (1) 和 (2), 形式上如此的一致, 实在令人感到惊奇. 因此, 停下来想一想应是有益的.

如果对变量 $f(\mathrm{Re}^{-1}, 1, 1, 1)$ 考察得更仔细些, 惊奇就会消失.

斯托克斯早在 1851 年就求出了公式 $F = 6\pi\eta v r$, 这个公式成立的条件用现代语言说等价于雷诺数较小的条件. 这个结果与公式 (2)并不矛盾, 只是说明, 在小雷诺数情形下, 函数 $f(\mathrm{Re}^{-1}, 1, 1, 1)$ 逼近于 $6\pi\mathrm{Re}^{-1}$. 事实上, 把这个值代入公式 (2) 并注意雷诺数的定义 (3), 就得到上述斯托克斯公式.

§7. 练习

1. 设有一个乐队. 试问, 声速是否对波长的依赖性很小 (或与波长无关)?

(请回忆声波的性质以及介质的弹性模量 E, 从关系 $v = f(\rho, E, \lambda)$ 出发, 证明 $v = c \cdot (E/\rho)^{\frac{1}{2}}$.)

2. 在大气中, 很强的爆炸将产生激波. 试问, 激波传播速度的变化规律是怎样的?

(引入爆炸的能量 E_0. 设激波波前压强可以忽略且空气的弹性不起作用. 首先应当求出激波的传播规律 $r = f(\rho, E_0, t)$.)

3. 求在重力作用下深水波传播速度的公式 $v = c \cdot (\lambda g)^{1/2}$ (这里 c 是无量纲系数, g 是自由落体加速度, λ 是波长).

4. 浅水波的传播速度不依赖于波长. 试基于这个观察到的事实, 证明: 它与水深的平方根成正比.

5. 用以确定流过圆柱形管道 (例如动脉管) 的流体流量的公式为

$$v = \frac{\pi\rho P r^4}{8\eta\ell},$$

这里 v 是流速, ρ 是流体密度, P 是管道两端的压差, r 是管道截面半径, η 是流体的黏度, ℓ 是管长.

请先检验公式两边的量纲是否一致, 然后推导这个公式 (精确到相差一个常数因子).

6. a) 沙漠中的动物必须克服水源之间漫长距离带来的困难. 试分析动物奔跑的最长时间对动物身材大小 L 有怎样的依赖关系?

(假设水的蒸发只发生在动物身体表面, 而表面积又与 L^2 成正比.)

b) 动物在平地和在山里的奔跑速度对动物身材有怎样的依赖关系?

(假设动物所消耗的功率与相应热量排放 (出汗) 的强度成正比, 而由 (空气等) 的水平运动引起的阻力与速度的平方和迎风面面积成正比.)

c) 动物能跑的距离对动物身材大小有怎样的依赖关系?

(请对照前两个问题来解答.)

d) 动物跳跃的高度对其身材大小有怎样的依赖关系?

(不很高的柱体所能承受的临界荷载正比于柱的截面面积. 假定问题的解答仅取决于骨骼的强度, 因为肌肉的承受能力正好与骨骼强度一致.)

这里所说的都是与人的个头相当的动物, 例如: 骆驼、马、狗、兔子、袋鼠、跳鼠等 (在它们习惯的生存环境中). 关于这类问题可参看

Арнольд 和 Смит 的书 (见后面参考文献).

7. 试按瑞利勋爵的方法求液滴在其表面张力作用下的微小振动的周期. 假设可忽略重力场 (在宇宙空间中).

(答案: $c \cdot (\rho r^3/S)^{\frac{1}{2}}$, 其中 ρ 是液体密度, r 是液滴的半径, S 是表面张力系数, $[S] = (0, 1, -2)$.)

8. 求双星旋转的周期.

注意到, 质量为 m_1 和 m_2 的两个物体沿圆形轨道围绕它们的质心旋转. 这是真空中的两个物体在它们的相互引力作用下构成的一个力学系统.

(如果不知如何下手, 请回忆一下引力常数和它的量纲.)

9. 试亲自“发现”黑体辐射强度分布的维恩定律

$$\varepsilon(\nu, T) = \nu^3 F(\nu/T)$$

和瑞利 – 金斯定律

$$\varepsilon(\nu, T) = \nu^2/TG(\nu/T),$$

它们都是频率 ν 和绝对温度 T 的函数.

(这两个 (关于频率区间 $[\nu, \nu + \mathrm{d}\nu]$ 内辐射强度的) 定律由著名的普朗克公式

$$\varepsilon(\nu, T) = \frac{8\pi}{c^3}\nu^2 \frac{h\nu}{\mathrm{e}^{h\nu/kT} - 1}$$

统一了起来, 这里, c 是光速, h 是普朗克常数, k 是玻尔兹曼常数 ($k = R/N$, R 是气体常数, N 是阿伏伽德罗常数). 维恩定律和瑞利 – 金斯定律分别由普朗克定律当 $h\nu \gg kT$ 和 $kT \gg h\nu$ 时得到.)

10. 取引力常数 G, 光速 c 和普朗克常数 h 作为基本单位 (例如, 从 [3] 中可以查到它们的数值), 求出普朗克长度单位 $L^* = (hG/c^3)^{\frac{1}{2}}$, 时间单位 $T^* = (hG/c^5)^{\frac{1}{2}}$ 和质量单位 $M^* = (hc/G)^{\frac{1}{2}}$.

量纲分析和相似原理方面的许多问题、各种各样的例子, 以及有益的评述和警告, 可在文献 [1] 中找到.

§8. 评注

在讨论量纲分析及其应用时很少提及一个问题, 现在有必要对它作些细致的考察.

研究一种现象时所采用方法是否有效, 主要取决于对这种现象的本质是否有正确的理解. (顺便说一句, 起初只有牛顿、伯努利兄弟和欧拉那样水平的人, 才能熟练地运用无穷小分析, 而不陷入自相矛盾. 这需要额外的洞察力[①].)

当现象的规律还搞不清楚时, 量纲分析特别有用. 正是在这种情况下, 它能给出用半启发方法得到的关系, 尽管这种关系还很一般, 但已经有利于理解现象的机理并选择进一步的研究和修正方向. (后面, 我们将以柯尔莫戈洛夫方法为例予以说明, 他用这个方法刻画了至今仍然令人不解的基本的湍流现象.)

量纲理论的基本假设与相似变换的线性理论、测量理论、刚体的概念、空间的齐次性等有关系. 众所周知, 在罗巴切夫斯基几何中, 根本没有相似图形, 尽管这种几何在局部允许欧几里得几何近似. 因此, 如同所有的定律一样, 量纲理论的假设以及它本身都是在由问题决定的一定范围内适用的. 很少事先知道这个范围, 并且常常是在发生矛盾时才会发现这个范围.

量纲方法表明, 量纲独立的变量越多, 所研究的函数关系能够简化和具体化的程度也越大. 但物理上的相互联系发现得越多, 剩下来的量纲独立变量的个数也就越少. (例如, 现在能用光年来度量距离.) 因此, 我们知道得越多, 一般的量纲分析给予我们的就越少. 与此相反, 在深入全新领域的过程中总会发现一些新的量纲独立的量 (关于这方面内

[①] В. И. 阿诺尔德对过高评价 Π-定理的作用非常担心, 他说: “这种方法是极其危险的, 因为它使人们有可能在本来应当用实验去检验相应的相似律的时候, 却 (在 “量纲理论” 的名义下) 不负责任地进行投机. 要知道, 这些相似律绝非来源于描述有关现象的量的量纲, 它们是深刻的、并非显而易见的自然科学事实.” 其实, 不恰当地运用乘法表、统计学或突变论也是如此.

容, 关于量纲的代数观点以及其他许多内容, 例如, 在文献 [12] 中有所叙述).

如果不考虑问题 9 和 10, 这里研究的现象都是能用经典的力学量描述的. 这在一开始可能也足够了. 但是, 真正的享受还是要从阅读学者、思想家以及一般专家的原著中得到, 他们能以大范围、多角度和统一的观点去研究世界或对象. 这将涉及各种不同的领域, 就如同一曲交响乐, 令人心旷神怡!

最后, 我们作几个有实用意义的说明.

量纲分析是一种很好的检验手段.

a) 如果等式左右两部分的量纲不一致, 应当查找错误.

b) 如果在包含不同幂次的函数 (例如, 对数函数或指数函数) 记号下出现的不是无量纲量, 应当查找错误 (或寻求避免这种错误的变换).

c) 只有量纲相同的量才能相加. (如果 $v = at$ 是速度, 而 $s = \frac{1}{2}at^2$ 是匀加速运动中的路程, 那么, 虽然形式上可以写 $v + s = at + \frac{1}{2}at^2$, 但从物理观点看, 这个等式应改成两个等式: $v = at$ 和 $s = \frac{1}{2}at^2$. 布里奇曼在他的书 (见参考文献) 中用这个例子说明, 这与向量等式意味着同名坐标相等是完全类似的.)

第三章　进一步的应用：流体动力学和湍流

§1. 流体动力学方程组 (一般知识)

众所周知, 速度 $v = v(x, t)$, 压强 $p = p(x, t)$ 和密度 $\rho = \rho(x, t)$ 是连续介质 (液体和气体) 运动的经典的基本特征量, 它们是流动区域中的点 x 和时间 t 的函数.

与牛顿方程 $ma = F$ 类似, 在理想连续介质运动情况下有欧拉方程

$$\rho \frac{\mathrm{d}v}{\mathrm{d}t} = -\nabla p. \tag{1}$$

如果是黏性介质, 则在右端的压强梯度项上要附加内摩擦力, 得

$$\rho \frac{\mathrm{d}v}{\mathrm{d}t} = -\nabla p + \eta \Delta v, \tag{2}$$

其中 η 是介质的黏度.

方程 (2) 是纳维 1827 年在一种特殊情况下得到的, 以后逐步被泊松 (1831)、圣维南 (1843) 和斯托克斯 (1845) 推广. 因为 v 是向量场,

这个向量方程等价于场 v 的分量的方程组. 这个方程组叫做纳维 – 斯托克斯方程组, 记为 NS 方程组.

当 $\eta = 0$ 时, 就回到了理想 (无黏) 流体的欧拉方程, 对于它可忽略由内摩擦产生的能量损失.

对 NS 方程还要补充一般的连续性方程

$$\frac{\partial \rho}{\partial t} + \operatorname{div}(\rho v) = 0, \tag{3}$$

它是质量守恒定律的微分形式 (根据这个定律, 在流体所处的任意区域内, 流体质量的变化与通过该区域边界的流量相等).

对于均匀的不可压缩流体, $\rho \equiv \text{const}$, $\operatorname{div}(v) = 0$, 连续性方程自动满足, 而纳维 – 斯托克斯方程 (2) 化成

$$\frac{\mathrm{d}v}{\mathrm{d}t} = -\nabla\left(\frac{p}{\rho}\right) + \nu\Delta v \tag{4}$$

的形式, 其中 $\nu = \eta/\rho$ 是介质的运动黏度.

如果存在质量力 (例如重力), 则在 NS 方程 (2) 的右端显然应增加这个力的密度 f.

其次, 如果将 NS 方程 (2) 左端的全导数展开, 注意到 $\dot{x} = v$, 则得到 NS 方程的另一种写法:

$$\frac{\partial v}{\partial t} + (v\nabla)v = \nu\Delta v + \frac{1}{\rho}(f - \nabla p). \tag{5}$$

如果流动是定常的, 亦即速度 v 与时间无关, 则最后这个方程有如下形式:

$$(v\nabla)v = \nu\Delta v + \frac{1}{\rho}(f - \nabla p). \tag{6}$$

在这里, 我们无意更加深入地介绍 NS 方程的大量工作, 仅仅提醒注意, 以下问题是列入世纪难题名单的 (甚至重奖悬赏求解): 如果三维 NS 方程 (2) 的初始条件和边界条件是光滑的, 那么, 它的解的光滑性是否永远得以保持, 或经过有限的时间就出现奇性? (在二维问题的情形, 奇性不存在.)

从物理观点看, 更有兴趣的大概是另一类问题, 例如: 从 NS 方程怎样得到湍流的满意描述, 以及向湍流和混沌的过渡是怎样发生的?

这样, 我们有了连续介质的动力学方程 (对于真实的介质还要附加上热力学状态方程[①]). 在一些情况下, 这些动力学方程有显式解. 在另一些情况下, 可以用计算机对具体的流动进行计算. 但是, 总的说来, 还有许多问题需要进一步地, 也许是全新地研究.

现在回到我们的起点. 设想还没有纳维 – 斯托克斯方程, 但我们仍然对连续介质的流动感兴趣. 譬如, 设均匀不可压缩流体在无穷远处流速为 u, 流向具有某种特征长度 ℓ 的物体. 我们感兴趣的是定常绕流, 亦即速度向量场 $v = v(r)$ 是某一固定笛卡儿坐标系中空间点的径向量 r 的函数. 设 ρ 是流体的密度, η 是它的黏度, 而 $\nu = \eta/\rho$ 是运动黏度.

假设 $v = f(r, \eta, \rho, \ell, u)$, 我们试着对它进行量纲分析:

	v	r	η	ρ	ℓ	u
L	1	1	-1	-3	1	1
M	0	0	1	1	0	0
T	-1	0	-1	0	0	-1

根据 Π-定理, 由此推出以下无量纲量的关系式:

$$\frac{v}{u} = f\Big(\frac{r}{\ell}, 1, \frac{\rho u \ell}{\eta}, 1, 1\Big). \tag{7}$$

我们在其中发现有雷诺数 $\mathrm{Re} := \dfrac{\rho u \ell}{\eta} = \dfrac{u\ell}{\nu}$.

如果从假设 $v = f(r, \nu, \rho, \ell, u)$ 开始, 或将密度隐藏在运动黏度 ν 中, 从关系式 $v = f(r, \nu, \ell, u)$ 出发, 我们也都将得到同样结果.

这样一来, 无论怎样改变 ρ, u, ℓ, η 的值, 只要由这些值组合起来的雷诺数 Re 的值不变, 则流动的特性也不变, 改变的只是测量长度和时间 (或长度和速度) 的单位. 真是妙极啦!

---

① 译者注: 原文如此, 对 "热力学状态方程" 要作广义的理解.

§2. 流动失稳以及动力系统中的分岔现象

一般说来, 具有不同雷诺数的流动有不同的特征. 随着雷诺数的增大, 将会发生流动拓扑的重建 (分岔). 流动特征从稳定的层流变成湍流和混沌: 当 $\mathrm{Re} \asymp 10^0$ 时是层流; 之后, 在 $\mathrm{Re} \asymp 10^1$ 时出现第一临界值 Re_1 和第一次分岔 (第一次流动拓扑重建), 等等. 临界值序列 $\mathrm{Re}_1 < \mathrm{Re}_2 < \cdots < \mathrm{Re}_n < \cdots$ 很快地收敛. 这其实是一个相当普遍的现象.

(1978 年 M. J. 费根鲍姆首先发现了一个以他的名字命名的普遍性质 (**费根鲍姆普适性质**): 存在极限

$$\lim_{n\to\infty} \frac{R_{n+1}-R_n}{R_n-R_{n-1}} = \delta^{-1},$$

其中 $\{R_n, n \in \mathbb{N}\}$ 是动力系统发生结构变化的临界值, 这种结构重建叫做倍周期分岔, 而 $\delta = 4.6692\cdots$)

因此, 雷诺数序列 Re_n 有极限 Re_∞.

当问题的参数 Re 超过 Re_∞ 继续增长时所产生的流动状态, 在流体动力学中叫做湍流. 对于很大的雷诺数, 运动变得完全混沌 (好像是非决定论的随机过程).

从经典的纳维 – 斯托克斯流体动力学方程出发, 能用什么方法描述湍流, 这样一个原则性问题至今没有解决.

理查德 · 费曼在谈其他问题时曾说: 如果我没有搞错, 可能薛定谔方程就已经把生命的公式都包括了, 但这取消不了生物学, 因为生物学不会等到用薛定谔方程奠定了生命存在的基础后, 再来研究有生命的细胞.

A. H. 柯尔莫戈洛夫 1941 年提出了完全发展湍流模型, 这显示出他是一个真正的自然科学家. 这个模型, 虽然后来也有所修正, 一直是值得专门研究的基本模型. 我们选用柯尔莫戈洛夫模型, 正是为了展示量纲分析在对所研究的现象暂时还缺乏基本刻画的情况下的一个非同寻常的应用.

当然, 动力系统理论最重要的新成就莫过于奇怪吸引子的发现 (E. N. 洛伦兹, 1963). 有了这个发现, 就能够解释决定论系统中出现混沌现象的原因, 这就是系统对于初始条件微小变化的敏感性. 这个理论使得用一般动力学解释湍流现象成为可能 (D. 吕埃勒和 F. 托肯斯, 1971) (也可参看对 [5] 的注释).

§3. 湍流 (初步认识)

别洛采尔科夫斯基院士, 打开关于湍流的文集 [9] 回忆说, 当他在莫斯科大学物理系学习时, 给他们上电学课的卡拉什尼科夫教授在第一堂课上讲了以下故事. 有一天考电学课, 他 (卡拉什尼科夫) 问一个学生: "什么是电学?" 学生坐立不安, 慌忙地说: "昨天还知道来着, 可现在忘了." 卡拉什尼科夫听后说: "曾经有一个人知道来着, 可这个人也忘了!" 湍流的情况也基本如此, 尽管各类专家, 当然首先是物理学家、数学家和天文学家, 都在思考这个问题.

汹涌的河水迅速绕过桥墩并形成旋涡. 这是洞察一切的列奥纳多·达·芬奇的图画. 从疾驰汽车后的烟尘中也能观察到漩涡, 但更令人愉快的是直接观察变幻莫测的云彩. 宇宙中的旋涡演变出银河系. 水龙头开得过大, 水流就不再平稳. 小飞机不能跟随大飞机立即起飞. 透过飞机的舷窗观察那些从上面看上去似乎很小的海洋舰船也是很有趣的, 尾随舰船的是清晰可见的湍流尾迹.

湍流这个术语大概是开尔文提出来的.

§4. 柯尔莫戈洛夫模型

4.1. 湍流运动的多尺度性①

同前面一样, 我们仍考察绕物体的流动, 亦即冲向具有特征长度 ℓ

①译者注: 关于湍流的物理图像可参看: L. D. 朗道, E. M. 栗弗瑞兹. 流体力学. 李植译. 北京: 高等教育出版社, 2012: 第三章.

的物体的流动. 如果流速很大或介质黏性很小, 也就是说, 雷诺数的值很大时, 在物体后面的某个区域中将出现充分发展湍流. 在这个区域内, 流动极不稳定, 非常紊乱. 它的明显特点是: 在湍流区域内分布着不同尺度的涨落. 在这里, 速度场的变化很像平稳随机过程, 速度场 $v = v(x,t)$ 本身并不稳定, 稳定的是它的某一平均概率特征 (譬如, 与流动有关的某些量的概率分布直方图所表示的特征量).

A. H. 柯尔莫戈洛夫指出, 当雷诺数很大时, 湍流区域内的流动图案虽然很复杂, 但局部地看, 都是均匀的和各向同性的.

可以 (或应当) 把湍流看成是不同尺度的运动相互作用的表现. 在大尺度运动上附加了小尺度涨落, 而这些小尺度涨落随大尺度运动一起移动 (当列车上的旅客沿餐车走动时, 他当然也就加入到以城市之间距离为尺度的运动中, 但这时还可以把他的运动看成车厢尺度的运动).

我们来解释一下. 单个细胞有各自的生命活动, 一群细胞相互作用, 形成特定的组织; 一些组织构成器官; 一些器官组成人体; 人坐车上班; 在城市的街道上出现车流; 所有这些物流连同所有城市和所有国家一起都随转动着的地球一起在空间中移动; 如此等等. 在多尺度海洋环境或大气环境方面还可举出更贴切的例子.

当我们谈及旅客的移动时, 不言而喻, 指的是他在车厢范围内运动的特征. 当在整个列车运动范围内谈及速度时, 将不区分不同的旅客个体.

湍流首先是局部流体中的相对运动, 而不是它作为某组成部分而参加的更大尺度的迁移运动.

如果情况是这样的, 那么, 湍流摆在我们面前的就是一个完整的不同尺度运动的谱, 而我们想搞清楚的问题是, 例如, 不同尺度运动有怎样的特征参数: 湍流按运动尺度的能量分布, 不同尺度运动的相对速度, 湍流中粒子分散的速度, 等等.

4.2. 充分发展湍流与惯性区

现在, 我们转入比较具体的问题.

譬如, 同前面一样, 我们考察特征长度为 ℓ 的物体在大雷诺数 ($\mathrm{Re} \gg 1$) 情况下的绕流问题. 在 $\mathrm{Re} \gg 1$ 情况下出现的湍流叫做**充分发展湍流**.

按照柯尔莫戈洛夫的意见, 在尺度 $\lambda \ll \ell$ 的运动中, 远离固壁 (亦即离开固壁的距离大大超过 λ) 的充分发展湍流, 都假设是各向同性且均匀的.

条件 $\mathrm{Re} \gg 1$ 可解释成小黏性.

仅仅在最小尺度 (记作 λ_0) 的那些运动中, 黏性才显现出来, 因为内摩擦仅发生在相距很近的流体微元之间. 对大量流体运动时, 黏性并不重要, 因为在这种情况下, 摩擦消耗的能量与大量流体惯性运动的动能相比, 小得可以忽略不计.

尺度区间 $\lambda_0 \leqslant \lambda \leqslant \ell$ 叫做**惯性区**. 对于尺度在这个区间内的运动, 黏性可以忽略.

量 λ_0 叫做湍流运动的**内尺度**, 而 ℓ 叫做**外尺度**.

4.3. 比能

定常湍流状态是靠消耗外部能量维持的, 这些能量因黏性而耗散.

设 ε 是能量耗散强度, 亦即单位质量流体在单位时间内的能量耗散. 因此, 在标准基底 $\{L, M, T\}$ 下, 量 ε 的量纲向量是 $[\varepsilon] = (2, 0, -3)$.

(力 $F = ma$ 的量纲是 $(1, 1, -2)$, 能量、功、势能 $F \cdot h$ 的量纲是 $(2, 1, -2)$. 因此, $[\varepsilon] = (2, 0, -3)$.)

速度为 u 的来流, 其动能将会减少, 因为黏性流体中的内摩擦导致能量耗散. 设基本流动在距离 l 上的平均速度变化为 Δu (物体前方和后方).

量 ε 应由基本运动损失的这些动能决定, 即有函数 $\varepsilon = f(\rho, \Delta u, \ell)$.

这样, 根据 Π-定理就得到它的量级为

$$\varepsilon \sim \frac{(\Delta u)^3}{\ell}. \tag{8}$$

类似地, 关于压降可得关系式

$$\Delta p \sim (\Delta u)^2 \rho. \tag{9}$$

4.4. 给定尺度流动的雷诺数

因为我们的兴趣在于各种尺度的运动, 所以每个尺度 λ 都有相应的雷诺数

$$\mathrm{Re}_\lambda := \frac{v_\lambda \cdot \lambda}{\nu}. \tag{10}$$

湍流的内尺度, 也就是量 λ_0, 应当由关于量级的条件 $\mathrm{Re}_{\lambda_0} \sim 1$ 决定, 因为大雷诺数等价于小黏性.

4.5. 柯尔莫戈洛夫 – 奥布霍夫定律

现在来求尺度为 λ 的运动的平均速度 v_λ (或者, 同样地, 求湍流平均速度在量级为 λ 的距离上的变化).

在惯性区内 $\lambda_0 \leqslant \lambda \leqslant \ell$, 可以认为 $v_\lambda = f(\rho, \varepsilon, \lambda)$.

因此, 根据 Π-定理, 这个量的量级是

$$v_\lambda \sim (\varepsilon\lambda)^{1/3}. \tag{11}$$

这个关系式叫做**柯尔莫戈洛夫 – 奥布霍夫定律**.

(A. M. 奥布霍夫是 A. H. 柯尔莫戈洛夫在 1940 年代的学生, 后来成为院士, 任莫斯科大气物理研究所所长. 柯尔莫戈洛夫在同一时期的另一位学生 A. C. 莫宁也成为院士, 并任海洋研究所所长. 对此 A. H. 柯尔莫戈洛夫曾开玩笑说, 他的一个学生管着海洋, 另一个学生管着大气.)

4.6. 湍流的内尺度

现在来求湍流的内尺度 λ_0. 我们知道, 应根据条件 $\mathrm{Re}_{\lambda_0} \sim 1$ 求它.

对于尺度为 ℓ 的基本运动的雷诺数 Re, 根据雷诺数的一般定义, 按照公式 (10) 有 $\mathrm{Re} \sim (\Delta u \cdot \ell)/\nu$. 注意到关系式 (8) 和 (11), 我们得到

$$\mathrm{Re}_\lambda \sim \frac{v_\lambda \cdot \lambda}{\nu} \sim \frac{(\varepsilon\lambda)^{1/3}\lambda}{\nu} \sim \frac{\Delta u \cdot (\lambda)^{4/3}}{\nu \ell^{1/3}} = \mathrm{Re}\left(\frac{\lambda}{\ell}\right)^{4/3}.$$

认为 $\mathrm{Re}_{\lambda_0} \sim 1$, 得

$$\lambda_0 \sim \frac{\ell}{\mathrm{Re}^{3/4}}. \tag{12}$$

相应的速度 v_{λ_0} 满足

$$v_{\lambda_0} \sim (\varepsilon\lambda_0)^{1/3} \sim \frac{\Delta u}{\ell^{1/3}} \cdot \frac{\ell^{1/3}}{\mathrm{Re}^{1/4}} = \frac{\Delta u}{\mathrm{Re}^{1/4}}. \tag{13}$$

4.7. 湍流涨落的能谱

我们把长度尺度 λ 看做波长, 引进相应的波数 $k := 1/\lambda$. 设 $E(k)\mathrm{d}k$ 是波数属于区间 $[k, k+\mathrm{d}k]$ 的单位质量流体的涨落运动的动能.

现在来求这个分布的密度 $E(k)$. 因为 $E(k)\mathrm{d}k$ 有单位质量的能量的量纲, 而 $[\,\mathrm{d}k] = (-1, 0, 0)$, 我们得到 $[E(k)] = (3, 0, -2)$.

把 ε 和 k 组合在一起, 按柯尔莫戈洛夫的做法进行量纲推理, 就得到

$$E(k) \sim \varepsilon^{2/3} k^{-5/3}. \tag{14}$$

假定 v_λ 能确定尺度不超过 λ 的一切运动的动能的量级, 由此可再次导出柯尔莫戈洛夫 – 奥布霍夫定律

$$v_\lambda^2 \sim \int_{k=1/\lambda}^{\infty} E(k)\,\mathrm{d}k \sim \varepsilon^{2/3} k^{-2/3} \sim (\varepsilon\lambda)^{2/3}$$

以及 $v_\lambda \sim (\varepsilon\lambda)^{1/3}$.

4.8. 湍流混合与粒子分散

湍流中相互距离为 λ 的两个粒子, 经过一段时间 t, 它们之间的距离记作 $\lambda(t)$. 我们来求粒子的分散速度 $\lambda'(t)$. 如同推证柯尔莫戈洛夫–奥布霍夫定律时一样, 设 $\lambda' = f(\rho, \varepsilon, \lambda)$, 对比着关系 (11), 将得到

$$\frac{\mathrm{d}\lambda}{\mathrm{d}t} \sim (\varepsilon\lambda)^{1/3}. \tag{15}$$

我们看到, 分散速度随 λ 的增长而增长. 这种情况可作如下解释: 只有那些尺度小于 λ 的运动才参与所考察的过程. 大尺度运动只会把粒子从一个地方转移到另一个地方, 但不造成它们的分散.

专题二

高维几何和自变量极多的函数

引　言

高维物体的体积, 几乎全部都集中在它的边界附近. 例如, 对于一个半径为 1 m 的 1000 维的西瓜, 如果把它 1 cm 厚的皮削掉, 剩下来的将不足整个西瓜的千分之一!

这种局部化现象, 或测度集聚现象, 常有难以预料的多种表现.

例如, 定义在高维球面上的函数, 只要有些正则性, 它在以下意义下几乎处处取常值: "在球上随机且独立取的两个点上有几乎相等的值" 是一个大概率事件.

数学上经常处理的是一元、二元、多 (但不是很多) 元函数问题, 由此形成的习惯会使人觉得, 上述现象难以置信. 然而, 正是这种现象的普遍存在保证了我们的生存环境的基本参数 (温度、压强 $\cdots\cdots$) 是稳定的. 它是统计物理学的基础. 概率论中的大数定律有广泛的应用 (例如, 存在干扰情况下的信息传输问题), 它研究的也是这个问题.

玻尔兹曼的遍历假设源于热力学量统计数值的稳定性, 无论是它, 还是根据它建立的绝妙的遍历定理, 在某种意义上都能用测度的集聚性加以解释.

第二章介绍集聚原理, 可以认为该章独立于第一章. 不过, 第一章给出了一些不同领域中的例子, 在每个例子中我们都可以看到, 自变量极多的函数是自然出现的.

在第一章中 (这一章当然是可以独立阅读的), 我们详细地讲了一个不是太通俗的例子, 这就是信息在通信管道中的传输问题. 我们证明并讨论了读数定理 —— 科捷利尼科夫公式, 它是现代信息数字记录理论的基础. 作为补充, 在第三章, 我们还介绍了在存在干扰的通信管道中信息传输速度的香农定理.

第一章　自变量极多的函数在自然科学和技术领域中的例子

§1. 信号的数字记录 (代码 – 脉冲调制)

1.1. 线性装置及其数学描述 (卷积)

线性算子是许多元器件的好的数学模型.

“具时间不变性的线性装置”, 用数学语言表示, 就是作用在依赖于时间的函数上的一个与位移算子 T 可交换的线性算子 A. 在这里, 算子 A 与算子 T 可交换指的是: $AT = TA$; 而 $T = T_\tau$ 叫做位移算子, 即对任何函数 $f: t \mapsto f(t)$, 有 $(T_\tau f)(t) = f(t-\tau)$.

例如, 如果 A 是连接在收音机或电视机上的一架录放机, 那么, 明天它播放的音乐应与今天的一样, 只不过在时间上有个自然的延迟而已.

按照无线电工程术语, 算子 A 所作用的函数 f 叫做**信号**, 准确地说, 是**输入信号**或**输入**, 而用电器工程装置 A 将信号 f 改造后所得的

结果 Af 叫做**输出信号**或**输出**, 并记作 $\widetilde{f}$.

因为用阶梯函数能很好地逼近连续函数 f, 易见, 如果知道了装置 A 对初等阶梯函数的响应, 也就能求出它对任意输入信号 f 的响应.

阶梯函数在想象中化作单位脉冲 —— δ-函数. 从等式 $f(t) = \int f(\tau)\delta(t-\tau)\,\mathrm{d}\tau$ 立刻得到

$$Af(t) = \int f(\tau)A\delta(t-\tau)\,\mathrm{d}\tau = \int f(\tau)\widetilde{\delta}(t-\tau)\,\mathrm{d}\tau =: f * \widetilde{\delta},$$

这里 "$*$" 是函数的卷积运算符号. 因此, $Af = f * \widetilde{\delta}$.

函数 $A\delta = \widetilde{\delta}$, 亦即装置 A 对单位脉冲 (δ-函数) 的响应, 叫做装置 A 的**脉冲响应函数**并以符号 E 表示.

因此, 从数学观点看, 装置 A 不是别的, 它正是一个卷积算子, $Af = f * \widetilde{\delta} = f * E$.

这样一来, 求解卷积方程就有了极其具体而直接的应用 (相当于, 根据收到的信号 $Af = \widetilde{f}$ 恢复原来的信号 f).

1.2. 线性装置的傅里叶对偶 (谱) 描述

我们知道, 周期过程的频率 ν 是单位时间内所完成的循环次数 (1 赫兹是 1 秒钟振动 1 次; 用 1 Hz 表示). 角频率或圆频率 $\omega = 2\pi\nu$ 与 ν 只差一个因数 2π, 这个因数把 ν 转变成单位时间内所经过的径度.

装置对输入信号 $f = \mathrm{e}^{\mathrm{i}\omega t}$ 的响应 $\widetilde{f}$ (如果知道了它, 根据欧拉公式 $\mathrm{e}^{\mathrm{i}\omega t} = \cos\omega t + \mathrm{i}\sin\omega t$, 也就知道装置对圆频率为 ω 的最简单的调和振动 $\sin\omega t$ 的响应. 使用这种复数语言常常是很方便的):

$$\begin{aligned} Af = f * \widetilde{\delta} = f * E &= \int f(t-\tau)\widetilde{\delta}(\tau)\,\mathrm{d}\tau \\ &= \int \mathrm{e}^{\mathrm{i}\omega(t-\tau)}E(\tau)\,\mathrm{d}\tau = \int E(\tau)\mathrm{e}^{-\mathrm{i}\omega\tau}\mathrm{e}^{\mathrm{i}\omega t}\,\mathrm{d}\tau = P(\omega)\mathrm{e}^{\mathrm{i}\omega t}. \end{aligned}$$

我们得到的响应是一个与输入有同样频率的振动, 但振幅变至原振幅的 $|P(\omega)|$ 倍且相位角增加了 $\arg P(\omega)$ (复数 $P(\omega)$ 的辐角).

P 作为 ω 的函数, 叫做装置的**谱特征**. 显然, 它 (不计一个标准化因数) 就是这个装置的脉冲响应函数 E 的傅里叶变换 $\widehat{E}$, 即 $P=2\pi\widehat{E}$. 我们约定, $p(\nu):=P(2\pi\nu)=P(\omega)$.

我们知道, 相应于频率 ω 和 ν, 函数 f 的傅里叶变换 $\widehat{f}$ 和傅里叶积分 $\check{f}$, 有如下形式 (L_2 中傅里叶变换的反演公式):

$$f(t)=\int\widehat{f}(\omega)\mathrm{e}^{\mathrm{i}\omega t}\,\mathrm{d}\omega,\quad 其中\quad \widehat{f}(\omega)=\frac{1}{2\pi}\int f(t)\mathrm{e}^{-\mathrm{i}\omega t}\,\mathrm{d}t;$$

$$f(t)=\int\check{f}(\nu)\mathrm{e}^{\mathrm{i}2\pi\nu t}\,\mathrm{d}\nu,\quad 其中\quad \check{f}(\nu)=\int f(t)\mathrm{e}^{-\mathrm{i}2\pi\nu t}\,\mathrm{d}t.$$

因为傅里叶变换是可逆的, 可根据函数 P (或 p) 恢复函数 E. 因此, 由装置 A 的谱特征或谱函数 P (或 p), 同样地, 由它的脉冲响应函数 E, 能完全确定装置 A.

于是, 如果知道了 P, 就能算出 Af. 而只要用傅里叶积分表示出 f, 也就能把 Af 表示成傅里叶积分的形式:

$$f(t)=\int\widehat{f}(\omega)\mathrm{e}^{\mathrm{i}\omega t}\,\mathrm{d}\omega\qquad 和\qquad Af(t)=\int\widehat{f}P(\omega)\mathrm{e}^{\mathrm{i}\omega t}\,\mathrm{d}\omega.$$

特别地, 如果 $f=\delta$, 则

$$E(t)=\widetilde{\delta}(t)=A\delta(t)=\frac{1}{2\pi}\int P(\omega)\mathrm{e}^{\mathrm{i}\omega t}\,\mathrm{d}\omega\quad\Big(=\int\widehat{E}(\omega)\mathrm{e}^{\mathrm{i}\omega t}\,\mathrm{d}\omega\Big).$$

1.3. 具有限谱集的函数和装置

实际中适合听觉和视觉的装置, 只对一定频带内的信号有效. 因此, 我们特别注意具有限谱集的函数和装置.

如果函数 f 的谱 (傅里叶变换 $\widehat{f}$) 是有限的 (在某紧集外恒等于零), 那么, 它的傅里叶积分形式中的积分区间是有限的:

$$f(x)=\int_{-a}^{a}\widehat{f}(\omega)\mathrm{e}^{\mathrm{i}\omega x}\,\mathrm{d}\omega.$$

由于具有限谱集的函数有特别的重要性, 它们成为数学中独立研究的对象.

如果函数 g 属于空间 $L_2(\mathbb{R})$, 那么, 如所周知, 从傅里叶变换理论就得到, 函数

$$f(x)=\int_{-a}^{a} g(\omega)\mathrm{e}^{\mathrm{i}\omega x}\,\mathrm{d}\omega$$

也属于空间 $L_2(\mathbb{R})$. 另外, 应用柯西 – 布尼雅可夫斯基 – 施瓦茨不等式容易看出, 它在数轴上是有界的, 并能延拓成整个复平面上的整函数, 且

$$|f(x+\mathrm{i}\,y)|\leqslant c\,\mathrm{e}^{a|y|}.$$

这种整函数的集合叫做维纳类, 记作 W_a (参看, 例如, [4]).

帕莱 – 维纳定理断言: $f\in W_a$, 当且仅当, 它可表示成

$$f(z)=\int_{-a}^{a} g(\omega)\mathrm{e}^{\mathrm{i}\omega z}\,\mathrm{d}\omega,$$

其中 $g\in L_2(\mathbb{R})$.

1.4. 理想滤波器及其脉冲响应函数

现在转入具有限谱集装置. 最简单的重要例子是这样的装置: 它的谱函数 $P(\omega)$ 在区间

$$[-a,a]=[-\Omega,\Omega]$$

中等于 1, 而在该区间之外等于零.

这种装置, 如我们现在的理解, 它允许所有频率不超过 Ω ($|\omega|\leqslant\Omega=a$) 的谐波通过且不失真, 而对更高频率的谐波没有反应.

这种装置叫做频率**上界为 Ω 的低通滤波器**.

现在来求频率上界为 a 的低通滤波器的 (用平均因子规范了的) 脉冲响应函数:

$$E_a(t)=\frac{1}{2\pi}\int_{-a}^{a}\mathrm{e}^{\mathrm{i}\omega t}\,\mathrm{d}\omega=\frac{\sin at}{at}.$$

这个函数在电工技术和通信管道信息传递理论中的重要性导致以下专门记号的出现

$$\operatorname{sinc}x:=\frac{\sin x}{x}.$$

下面将对记号 sinc 中为什么突然出现了字母 c 做一点说明.

1.5. 读数定理 (科捷利尼科夫 – 香农定理)

首先, 让我们撇开一些细节. 在最简单的情形下, 做如下计算. 取正则函数 f, 其谱 $\widehat{f}=\dfrac{1}{2\pi}\phi$ 集中在区间 $[-\pi,\pi]$ 上, 我们将 ϕ 展成傅里叶级数并算出它的系数:

$$f(t)=\frac{1}{2\pi}\int_{-\pi}^{\pi}\phi(x)\mathrm{e}^{\mathrm{i}tx}\,\mathrm{d}x,\qquad \phi(x)=\sum_{n=-\infty}^{\infty}c_n\mathrm{e}^{-\mathrm{i}nx};$$

$$c_n=\frac{1}{2\pi}\int_{-\pi}^{\pi}\phi(x)\mathrm{e}^{\mathrm{i}nx}\,\mathrm{d}x=f(n).$$

将函数 ϕ 的傅里叶级数代入第一个积分, 逐项进行积分 (设函数 ϕ "很好"), 则得

$$\begin{aligned}f(t)&=\sum_{n=-\infty}^{\infty}c_n\Big(\frac{1}{2\pi}\int_{-\pi}^{\pi}\mathrm{e}^{\mathrm{i}x(t-n)}\,\mathrm{d}x\Big)\\&=\sum_{n=-\infty}^{\infty}f(n)\frac{\sin\pi(t-n)}{\pi(t-n)}=\frac{\sin\pi t}{\pi}\sum_{n=-\infty}^{\infty}f(n)\frac{(-1)^n}{t-n}.\end{aligned}$$

现在, 对于一般的具有限谱集的函数

$$f(t)=\frac{1}{2a}\int_{-a}^{a}\phi(x)\mathrm{e}^{\mathrm{i}tx}\,\mathrm{d}x\,,$$

可完全类似地处理. 将函数 ϕ 在区间 $[-a,a]$ 上展成傅里叶级数后, 即可求出

$$\phi(x)=\sum_{n=-\infty}^{\infty}c_n\mathrm{e}^{-\mathrm{i}\frac{\pi}{a}nx},\qquad 其中\quad c_n=\frac{1}{2a}\int_{-a}^{a}\phi(x)\mathrm{e}^{\mathrm{i}\frac{\pi}{a}nx}\,\mathrm{d}x=f\Big(\frac{\pi}{a}n\Big),$$

以及具有限谱集的函数的如下表示, 也就是著名的科捷利尼科夫公式或科捷利尼科夫 – 香农公式, 或读数定理:

$$f(t)=\sum_{n=-\infty}^{\infty}f\Big(\frac{\pi}{a}n\Big)\frac{\sin a\Big(t-\dfrac{\pi}{a}n\Big)}{a\Big(t-\dfrac{\pi}{a}n\Big)}.$$

这个公式是科捷利尼科夫 1933 年在 [1] 中得到的, 1949 年又被香农在 [2] 中重新发现. 作为插值公式 (有限阶整函数的拉格朗日公式的

特殊情形), 它是数学家们已知的 (参看, 例如, [4] 以及其中引用的文献). 科捷利尼科夫和香农的功绩在于他们以信号编码和通信管道信息传递的观点解释了这个公式.

当然, 这个公式可以化成

$$f(t)=\frac{\sin t}{a}\sum_{n=-\infty}^{\infty}f\left(\frac{\pi}{a}n\right)\frac{(-1)^n}{t-\dfrac{\pi}{a}n}$$

的形式, 但是, 目前对我们更重要的还是原来的公式.

1.6. 信号的编码 —— 脉冲调制

科捷利尼科夫 – 香农公式表明, 频率集中在区间 $[-a,a]$ 中的具有限谱集的正则信号, 可根据按间隔 $\Delta=\dfrac{\pi}{a}$ 采集的它的一组离散值, 将它完全恢复 (“读数定理” 的名称就来源于此).

其次, 信号是利用一个函数的一些位移的组合恢复的, 而这个函数就是频率上界为 a 的低通滤波器的脉冲响应函数. 这是一个在技术上相对简单实用的信号离散编码和传递的公式. (虽然, 原则上, 周期信号都可以用它的傅里叶系数确定, 解析函数信号都可用它的泰勒展开式的系数确定, 但是, 从装置的实现能力考虑, 这样做并非总是适当的.)

上述信号离散编码的思想是以信息的记录、存储、传递和复制的现代数字技术为基础的 (音乐、视频影像、生物技术、搜索系统等).

我们现在能看出, 上面所说的特殊记号

$$\operatorname{sinc}x:=\frac{\sin x}{x}$$

应当理解为“正弦计数”: 这里的 c 来自 count 一词.

1.7. 理想通信通道的通过能力

20 世纪出现的电报和无线电通信, 促进了对信息的概念、理论及其定量描述的研究. 直到出现科捷利尼科夫公式前, 专家们只是摸索着去解决这些问题 (参看, 例如, 论文集 [3]). 譬如说, 为了纪念尼奎斯特, 常常不无根据地 (大概是香农建议的) 把读数间隔 $\Delta = \dfrac{\pi}{a}$ 叫做**尼奎斯特间隔**, 每经过时间 Δ 传递一个函数 f 的读数, 亦即 Δ^{-1} 是单位时间 (秒) 内传递的读数个数.

看来, 科捷利尼科夫 – 香农公式还给予我们一些原来不知道的东西, 例如, 我们称之为信息的东西以及度量它的方法, 有用频带的宽度, 信息沿通信管道的传递速度之间的明确关系. 不过, 关于这些问题下面还将谈到.

1.8. 电视信号的维数的估计

例如, 像香农一样, 考察频率 $W = 5$ MHz (1 MHz= 10^6 Hz), 持续时间 $T = 1\,\mathrm{h}$ 的电视信号. 这种信号的读数向量的长度, 亦即读数的个数 $N = T/\Delta = 2WT$ 为

$$N = 2 \times 5\ \mathrm{MHz} \times 1\,\mathrm{h} = 2 \times 5 \times 10^6 \times 60^2 = 3.6 \times 10^{10}.$$

这是维数巨大的空间 $\mathbb{R}^N$ 中的一个向量. 这种空间内的几何有自己的特殊性. 第二章基本上讲的就是这方面的内容.

§2. 涉及多参数现象和高维空间的其他研究领域

信号或消息, 只要稍微复杂一点, 它们的数字记录就需要大量的记号. 为了明白这个道理, 当然不必先知道上面讲的包括科捷利尼科夫 – 香农公式在内的所有东西. 我们把这些东西讲得如此详尽, 是因为, 这些内容丰富且完整的东西的讲述, 几乎不要求读者预先作什么准备. 还因为, 这些知识, 以及我们只打算在下面提一下的另外一些甚至更基础的科学领域 (其中的量和函数通常也是依赖于大量参数的, 亦即与维数很高的空间有密切联系), 常常不是广大数学工作者所熟悉的.

2.1. 物质的分子理论

从统计物理学而非唯象热力学的观点看, 热力学函数, 例如气体

的压强, 是依赖于大量参数的 (读者一定记得, 例如, 阿伏伽德罗常数 $N_A = 6.022 \times 10^{23}\,\mathrm{mol}^{-1}$).

在把高维几何与集聚原理联系起来作出以下解释之前 (后面我们会明白这种解释的必要性), 人们对这些函数能保持稳定总是感到奇怪.

下面我们涉及动理学理论, 实际上也将得出美妙的麦克斯韦分布.

2.2. 经典哈密顿力学中的相空间

通常, 稍微复杂点的力学系统的相空间都是高维空间.

从而, 与系统有关的许多函数, 常常是自变量很多的函数.

2.3. 吉布斯热力学系综

吉布斯把热力学思想和哈密顿力学结合在一起, 将一个美妙至极的数学结构深深地植入到统计力学之中. 带有测度的哈密顿系统, 该测度在相空间的哈密顿流作用下发生演化 (有时向平衡演化, 这很有趣).

统计物理 (玻尔兹曼的工作) 以及牛顿三体和多体问题 (庞加莱的工作) 引发了动力系统数学理论的出现, 提出了各种各样的、当时仍未解决的大量问题. (例如, 相变、湍流、混沌等问题.)

2.4. 概率论

当然, 大数 (试验的次数), 它们对相互作用的均化效应, 罕见显著偏差的特征等, 组成了概率论概念的哲学基础, 并成为整个数学领域的核心.

作为这里将要介绍的几何思想的应用例子, 会涉及一点概率论. 我们将遵循高斯的做法, 处理观测误差, 得出正态分布.

第二章　集聚原理及其表现

§1. 欧几里得空间 $\mathbb{R}^n (n \gg 1)$ 中的球和球面

1.1. 当 $n \to \infty$ 时球体积的集聚

让我们来考察高维欧几里得空间 $\mathbb{R}^n$ 中以 r 为半径的球 $B^n(r)$. 设 $\operatorname{Vol} B^n(r)$ 表示它的体积. 这时,

$$\frac{\operatorname{Vol} B^n(r+\Delta)}{\operatorname{Vol} B^n(r)} = \frac{(r+\Delta)^n}{r^n} = \left(1+\frac{\Delta}{r}\right)^n.$$

因此, 如果 n 很大, 那么, 只要将球的半径增加 $\Delta = \frac{1}{n} r$, 它的体积就增加两倍多.

例如, 在空间 $\mathbb{R}^{1000}$ 中, 如果半径为 1 m 的西瓜有 1 cm 厚的皮, 那么, 削去皮后剩下的西瓜体积将不足整个西瓜体积的千分之一.

这样一来, 极高维的球, 其体积的绝大部分都集聚在边界面的很小的邻域内.

1.2. 热力学极限

众所周知, 麦克斯韦用统计物理学方法, 准确地说, 是用动理学理论, 首先发现了一定体积的气体分子按速度 (从而作为推论, 按动能) 的分布规律 (麦克斯韦定律).

设在给定温度下且在给定的体积中, 有 n 个质量为 m 的气体分子; v_i 是第 i 个分子的速度①, 而 E_n 是所有分子的动能之和. 量 E_n 随着 n 的增加而增加, 且增长阶为 $n: E_n \asymp n$.

上述假设可写成以下形式:

$$\frac{1}{2}mv_1^2 + \cdots + \frac{1}{2}mv_n^2 = E_n; \qquad \sum_{i=1}^{n} v_i^2 = \frac{2E_n}{m} \asymp n.$$

要寻求的是: 这个分子系综, 在条件 $E_n \asymp n$下, 当 $n \to \infty$ 时的统计特征. 这种条件下的极限过渡叫做热力学极限过渡, 或简短但欠准确地称为热力学极限. (热力学极限的精确定义和现代数学解释, 读者可在例如 [9] 中查到.)

从数学观点看, 这里涉及的是 $\mathbb{R}^{3n}$ 中的 $(3n-1)$ 维球面, 且其半径当 $n \to \infty$ 时的增长阶为 $n^{\frac{1}{2}}$.

在对彼此独立的测量所产生的误差 Δ_i 的分布规律进行统计研究时, 为导出高斯定律, 假定了标准离差 D 有限, 因此, 我们面临着与气体分子速度分布问题完全类似的情况:

$$\frac{1}{n}(\Delta_1^2 + \cdots + \Delta_n^2) \asymp D; \qquad \sum_{i=1}^{n} \Delta_i^2 \asymp n.$$

如果分子, 像观测误差一样, 是平权的, 而与它们对应的球面上的点均匀地分布在球面上, 那么, 无论是气体分子速度的统计, 还是观测误差的统计, 都将归结为: 当 $n \to \infty$ 且球面的半径与 $n^{\frac{1}{2}}$ 同阶增长时, 对投影到空间 $\mathbb{R}^n$ 的直线上指定区间内的 $(n-1)$ 维球面部分的统计②.

下面我们将把这里所说的这些东西精确化, 并进行相应的计算.

1.3. 球面面积的集聚

考虑欧几里得空间中以原点为中心, r 为半径的超球面 $S^{n-1}(r)$.

①译者注: 从原著以下内容看这里的 $v_1, \cdots, v_n$ 是各个分子的速度向量在任意指定的 x 轴上的投影.

②译者注: 这是一个可以证明的断言, 并非从集聚原理直接得出.

在 $\mathbb{R}^n$ 中引进球坐标, 设 ψ 是点的矢径相对于我们选定的 x 轴的正向的偏角. 因此, $x = r\cos\psi$, $\mathrm{d}x = -r\sin\psi\,\mathrm{d}\psi$ 且

$$\sin\psi = \frac{(r^2 - x^2)^{\frac{1}{2}}}{r} = \left(1 - \left(\frac{x}{r}\right)^2\right)^{\frac{1}{2}}.$$

角区间 $(\psi, \psi + \mathrm{d}\psi)$ 对应的初等球面层的面积由以下公式给出:

$$\begin{aligned}\sigma_{n-2}(r\sin\psi)\cdot r\,\mathrm{d}\psi &= c_{n-2}\cdot(r\sin\psi)^{n-2}r\,\mathrm{d}\psi \\ &= c_{n-2}r^{n-2}\sin^{n-3}\psi\cdot r\sin\psi\,\mathrm{d}\psi \\ &= c_{n-2}r^{n-2}\left(1-\left(\frac{x}{r}\right)^2\right)^{\frac{n-3}{2}}(-\,\mathrm{d}x).\end{aligned} \tag{1}$$

这里, $\sigma_{n-2}(\rho)$ 是以 ρ 为半径的 $(n-2)$ 维球面的面积, 而 $c_{n-2} = \sigma_{n-2}(1)$.

现在, 根据公式(1)求球面上在 x 轴上投影为区间 $[a, b] \subset [-r, r]$ 的那一部分的面积:

$$c_{n-2}r^{n-2}\int_a^b \left(1-\left(\frac{x}{r}\right)^2\right)^{\frac{n-3}{2}}\mathrm{d}x. \tag{2}$$

这个面积在以 r 为半径的球面 $S^{n-1}(r)$ 的总面积中所占的比率等于

$$P[a,b] := \frac{\displaystyle\int_a^b \left(1-\left(\frac{x}{r}\right)^2\right)^{\frac{n-3}{2}}\mathrm{d}x}{\displaystyle\int_{-r}^r \left(1-\left(\frac{x}{r}\right)^2\right)^{\frac{n-3}{2}}\mathrm{d}x}. \tag{3}$$

令 $n \to \infty$, 而 $r = \sigma n^{\frac{1}{2}}$, 取热力学极限, 就得到正态分布

$$P[a,b] := \frac{\displaystyle\int_a^b \mathrm{e}^{-\frac{x^2}{2\sigma^2}}\,\mathrm{d}x}{\displaystyle\int_{-\infty}^{\infty} \mathrm{e}^{-\frac{x^2}{2\sigma^2}}\,\mathrm{d}x}. \tag{4}$$

如同上面指出的那样, 它作为高斯分布出现在观测结果数据处理理论 (误差理论) 中, 同时又作为麦克斯韦分布出现在统计物理 (动理学理论) 中. 而此处呈现的正是概率论中的中心极限定理.

如果在公式 (3) 中固定 r 并令 n 趋于无穷, 则当 $0 < a < b < r$ 时, 量 $P[a, b]$ 将按指数阶快速趋于零.

现在进行计算, 以证实这个结论.

首先, 我们记得, 关于拉普拉斯积分

$$F(\lambda) := \int_{I=[a,b]} f(x)\mathrm{e}^{\lambda S(x)}\,\mathrm{d}x$$

的渐近问题, 有以下经典结果.

设 f 和 S 都是定义在积分区间 I 上的正则函数, 其中函数 S 是实的, 在 I 上有唯一的绝对极大值, 且能在点 $x_0 \in I$ 处达到, 并有 $f(x_0) \neq 0$.

在这种情况下, 上述拉普拉斯积分与相应的仅仅定义在 $x_0 \in I$ 的任意一个小邻域上的积分当 $\lambda \to \infty$ 时的渐近性是一样的 (这就是所谓的**局部化原理**).

在作了这种局部化后, 问题归结为研究 $I = [x_0, x_0 + \varepsilon]$ 或 (和) $I = [x_0 - \varepsilon, x_0]$ 时的特殊情形, 其中 ε 是任意小的正数. 现在, 利用泰勒展开, 在 $\lambda \to +\infty$ 的情形, 得: 如果 $x_0 = a$ 且 $S'(x_0) \neq 0$ (那么, $S'(x_0) < 0$, 因为 $a < b$), 则

$$F(\lambda) = \frac{f(x_0)}{-S'(x_0)}\mathrm{e}^{\lambda S(x_0)}\lambda^{-1}\big(1 + O(\lambda^{-1})\big); \tag{A}$$

如果 $x_0 = a$, $S'(x_0) = 0$, $S''(x_0) \neq 0$ (那么, $S''(x_0) < 0$), 则

$$F(\lambda) = \sqrt{\frac{\pi}{-2S''(x_0)}}f(x_0)\mathrm{e}^{\lambda S(x_0)}\lambda^{-\frac{1}{2}}\big(1 + O(\lambda^{-\frac{1}{2}})\big); \tag{B}$$

如果 $a < x_0 < b$, $S'(x_0) = 0$, $S''(x_0) \neq 0$(亦即 $S''(x_0) < 0$), 则

$$F(\lambda) = \sqrt{\frac{2\pi}{-S''(x_0)}}f(x_0)\mathrm{e}^{\lambda S(x_0)}\lambda^{-\frac{1}{2}}\big(1 + O(\lambda^{-\frac{1}{2}})\big). \tag{C}$$

于是, 根据公式 (C), 当 $n \to \infty$, 有

$$\int_{-r}^{r}\left(1 - \left(\frac{x}{r}\right)^2\right)^{\frac{n-3}{2}}\mathrm{d}x = \int_{-r}^{r}\mathrm{e}^{\frac{n-3}{2}\log(1-(\frac{x}{r})^2)}\,\mathrm{d}x \sim r\sqrt{\frac{2\pi}{n}}, \tag{5}$$

而根据公式 (A), 当 $n \to \infty$ 和 $\delta > 0$, 有

$$\int_{\delta r}^{r}\left(1 - \left(\frac{x}{r}\right)^2\right)^{\frac{n-3}{2}}\mathrm{d}x = \int_{\delta r}^{r}\mathrm{e}^{\frac{n-3}{2}\log(1-(\frac{x}{r})^2)}\,\mathrm{d}x \sim r\frac{1}{n\delta}(1 - \delta^2)^{\frac{n-1}{2}}. \tag{6}$$

因此, 无论 $\delta > 0$ 怎样小, 当 $n \to \infty$ 时都有

$$P[\delta r, r] \sim \frac{1}{\delta\sqrt{2\pi n}}(1-\delta^2)^{\frac{n-1}{2}} \to 0. \tag{7}$$

这表明, 高维球面 S^{n-1} 的面积的绝大部分集中在赤道的很小的邻域内.

看来, 这种情况可以解释以下奇怪的事实: 在维数很高的空间 $\mathbb{R}^n$ 中, 任意两个单位向量几乎正交的概率是很大的 (例如, 它们的内积与零或多或少有偏离的概率, 迅速地随着偏离量的容许界限的增大而减小). 准确地说, 设高维 $\mathbb{R}^n$ 空间中所有的方向是平权的; 向量的配对是随机的且相互独立的. 如果向量对中的一个向量是选定了的, 那么另一个向量将以大概率出现在与第一向量共轭的赤道的邻域中. 这个断言已包括在公式 (7) 中, 而公式 (7) 还能对偏离正交的概率作出估计.

1.4. 等周不等式及极高维球面上的函数

我们再提出并阐明一个同样令人惊奇而且更加精细的与极高维数有关的事实.

设 S^m 是极高维欧几里得空间 $\mathbb{R}^{m+1}$ 中的单位球面. 设在这个球面上给定了充分正则 (例如, 属于某一确定的利普希茨类) 的实值函数. 在球面上随机且相互独立地取一对点, 算出函数在这两个点的值. 这些值将以大概率几乎相等, 并接近于某个数 M_f.

(这个暂时还是假定的数 M_f, 叫做**函数的中间值**或**函数的中位数**, 也称为**函数在列维意义下的中值**, 采用这个术语的理由将很快地与数 M_f 的准确定义一起给出.)

让我们来解释这个现象.

先引进一些记号和约定. 球面 S^m 上点之间的距离理解为测地距离 ρ. 以 A_δ 表示集合 $A \subset S^m$ 在 S^m 中的 δ-邻域. 将球面测度规范成标准的, 即取其均匀分布概率测度 μ, 且 $\mu(S^m) = 1$.

下述断言是正确的 (证明见于文献 [3a]).

对于任何 $0 < a < 1$ 和 $\delta > 0$, 存在 $\min\{\mu(A_\delta) : A \subset S^m, \mu(A) = a\}$, 而且, 它在测度为 a 的小球冠 A^0 上达到.

这里, $A^0 = B(r)$, 其中 $B(r) = B(x_0, r) = \{x \in S^m : \rho(x, x_0) < r\}$ 且 $\mu(B(r)) = a$.

当 $a = 1/2$, 亦即 A^a 是半球面时, 得到以下推论:

若子集 $A \subset S^{n+1}$ 满足 $\mu(A) \geqslant 1/2$, 则 $\mu(A_\delta) \geqslant 1 - \sqrt{\pi/8}\,\mathrm{e}^{-\delta^2 n/2}$. (当 $n \to \infty$ 时, 这里的 $\sqrt{\pi/8}$ 可用 $1/2$ 代替.)

用 M_f 表示那样的数, 对于它, $\mu\{x \in S^m : f(x) \leqslant M_f\} \geqslant 1/2$ 且 $\mu\{x \in S^m : f(x) \geqslant M_f\} \geqslant 1/2$ 成立.

这个数就叫做函数 $f : S^m \to \mathbb{R}$ 的列维意义下的中间值或平均值. (如果函数 f 在球面上的 M_f-水平集的测度为零, 则以上两集合中的任一个的测度都恰好是球面的 μ-面积的一半.)

列维引理 [2] 能由上面引进的断言及推论直接推出, 它说的是:

如果 $f \in C(S^{n+1})$ 而 $A = \{x \in S^{n+1} : f(x) = M_f\}$, 则 $\mu(A_\delta) \geqslant 1 - \sqrt{\pi/2}\mathrm{e}^{-\delta^2 n/2}$.

现在设 $\omega_f(\delta) = \sup\{|f(x) - f(y)| : \rho(x, y) \leqslant \delta\}$, 即函数 f 的连续模.

函数 f 在集合 A_δ 上接近于 M_f. 准确地说, 如果 $\omega_f(\delta) \leqslant \varepsilon$, 则在 A_δ 上有 $|f(x) - M_f| \leqslant \varepsilon$. 这样一来, 列维引理告诉我们的就是: 如果 S^m 的维数 m 非常大, 那么, "好" 函数事实上就在几乎整个定义域 S^m 上几乎取常值.

这种测度在函数的某个值附近集聚的现象不只出现在球面的情形 (参看 [3a]). 当然, 它也不是对一切空间、函数和测度都正确.

例如, 在文献 [3a] 中, 它用来求高维线性赋范空间的几乎是欧几里得空间的子空间. (除集聚原理的各种证明方案外, 文献 [3a] 中还有 M. 格罗莫夫写的包括等周不等式在内的几何应用. 那里给出了相关的原著参考书目, 例如, П. 列维的 [2], 其中已有集聚原理的明确叙述. 庞加莱在自己的有关概率论的讲义 [1] 中也已经在差不多的形式下发

现了这种现象. 关于新近的参考文献可参看 [3b, 3c].)

但是, 对集聚现象的那样一些研究, 例如, 从热力学极限过渡的遍历理论的观点, 或从大数定律 (包括其非线性情形) 和概率极限分布理论的几何解释的观点对它进行研究, 是很有意义的. 探究它的物理应用也是很重要的工作 (参看, 例如, 文献 [13]).

§2. 一些评注

2.1. 各种中值

函数 f 的标准中值 $\overline{f}$ 与上面引进的列维意义下的中值 M_f 有怎样的关系呢?

如有必要可转而考虑函数 $f-M_f$, 从而, 不失一般性可以认为, 函数 f 的列维意义下的中值 M_f 等于零. 以 $|S^n|$ 表示球面 S^n 的面积 (标准的 n 维欧几里得测度), 而 T 表示函数 $|f|$ 在这个球面上的上确界 (在连续函数情形下, 就是 $|f|$ 的最大值).

设 ε 是一个小正数. 计算

$$\begin{aligned}|\overline{f}| &\leqslant \frac{1}{|S^n|}\Big(\int_{|f(x)|\leqslant\varepsilon T}|f|(x)\,\mathrm{d}x+\int_{|f(x)|>\varepsilon T}|f|(x)\,\mathrm{d}x\Big)\\ &\leqslant \varepsilon T+T\frac{1}{|S^n|}\int_{|f(x)|>\varepsilon T}\mathrm{d}x=\Big(\varepsilon+\frac{1}{|S^n|}\int_{|f(x)|>\varepsilon T}\mathrm{d}x\Big)T\end{aligned}$$

表明, 如果圆括号中最后面的积分相对于 $|S^n|$ 很小, 则 $|\overline{f}|$ 相对于 T 也很小. 换句话说, 只要由 $\{x\in S^n:|f(x)|>\varepsilon T\}$ 定义的区域 $D_{\varepsilon T}\subset S^n$ 的面积与整个球面的面积比较是小的, 就有这个结果. 因此, 根据条件 $M_f=0$, 区域 $D_{\varepsilon T}$ 整个位于函数 f 的中间值水平集的某一 δ-邻域以外. 我们已经证明, 在这个中间值附近, 集聚了球面的绝大部分, 当然这个 δ-邻域本身不能太小. 刻画这个邻域相对宽度的 δ, 正好也依赖于函数 f 的连续模这样一个将 ε 和 δ 联系在一起的量.

如果考察的是定义在半径为 r 的球面上具有固定的利普希茨常数 L 的函数, 则对于它们有 $T\asymp Lr$, $\delta=L^{-1}\varepsilon$, 而且, 当 $n\gg 1$ 时, 不计较小的相对误差, 当然有等式 $\overline{f} = M_f$ 成立.

但是, 随着 n 的增大, L 也应增大. 例如, 在热力学情形, 很典型的是形如 $f(x_1) + \cdots + f(x_n)$ 的所谓累加函数 (粒子能量之和, 等等). 对于简单的不能再简单的函数 $x_1 + \cdots + x_n$, 我们有 $L = \sqrt{n}$ (为证明这一点, 只要作从坐标原点到点 $(1, \cdots, 1) \in \mathbb{R}^n$ 的位移即可).

我们曾经指出, 在热力学感兴趣的情形下, 自然是假定, 球面 $S^n(r)$ 的半径与 n 一起增大, 且 $r \asymp \sqrt{n}$. 因此, 也就自然地认为, 在这样的球面上累加函数之值的范围的阶是 $L \cdot r = \sqrt{n} \cdot \sqrt{n} = n$. 在这种情况下, 也能确立上面所说的那种集聚现象或满足这种形式的大数定律.

最后指出, 在 $\mathbb{R}^n$ 中, 标准的体积单位, 也就是 n 维 "方体", 随着维数 n 的增大会变得越来越大, n 维 "方体" 的直径等于 $\sqrt{n}$.

这样的 "方体" 的内切球的体积, 当 $n \gg 1$ 时, 在 "方体" 内所占份额是微不足道的.

下列事实也很有意义 (在编码理论中将会用到它. 参看第三章): 如果取两个半径相等的球, 而且按球心间的距离等于一个半径长摆放, 这时, 它们一定相交, 但是, 如果 $n \gg 1$, 则它们的交集的体积与每个球的体积相比, 小得微不足道.

2.2. 高维方体与集聚原理

我们来研究标准的 n 维单位闭区间 $I^n \subset \mathbb{R}^n$. 为简单起见, 我们称它为 n 维方体. 像削西瓜皮一样, 将方体 I^n 的边界的 $\dfrac{\delta}{2}$-邻域清除掉, 剩下来的仍然是一个方体, 不过其棱长变成了 $r = 1-\delta$, 它的体积是 r^n. 如果 $n \gg 1$, 它就变得很小了. 我们削掉的体积是 $1 - r^n = 1 - (1-\delta)^n$, 占了单位方体全部体积 1 的主要部分.

如果有 n 个独立的随机量 x_i, 都在单位区间 $[0,1]$ 中取值, 它们的概率分布为 $p_i(x)$ 关于 i 一致地与零相分离, 例如, 所有 $p_i(x) \neq 0$ 是一样的, 那么, 随着 n 的增大, 绝大部分的随机点 $(x_1, \cdots, x_n) \in I^n$ 都出现在方体边界邻近.

当然, 对于空间 $\mathbb{R}^n$ 中的一般区域, 当 $n \gg 1$ 时, 表述适当的这种集聚原理也是正确的.

在球面的例子中, 我们看到, 函数的一般取值位于叫做中间值的邻近. 在这里, 起主要作用的是球面几何和测度分布的等度性. 对于球面经光滑小扰动所得的区域, 这个原理仍然有效. 当然, 对于球面或测度的大变形, 在以往的形式下, 这个原理不再成立.

在这个原理中, 归根到底, 维数的增大是一个决定因素. 这有合理的推广吗?

(例如, 任意一个维数充分高的凸体, 几乎都是更高维数的球的截痕, 而且, 凸体的维数越高, "几乎" 得就越好.)

2.3. 集聚原理、热力学、遍历性

一切基本的热力学函数 (例如, 压强), 从统计物理的观点看, 都是自变量 (诸分子的相空间坐标) 极多的函数的典型值, 它们时时刻刻向我们展示大数定律和集聚原理的作用.

另外, 如果把热力学系统状态的演化看成是点沿着能量水平曲面, 或在由这种曲面围成的极高维区域中的运动, 那么, 根据集聚原理, 对于任何定义在这个曲面或由这个曲面围成的空间区域上的充分正则的函数, 点在大部分时间内将处在这个函数的中间值区域内. 实际上, 这时, 把中间值看成是曲面上的, 还是看成是由它围成的空间区域上的, 都行.

设运动发生在极高维相空间中由条件 $H \leqslant E$ 确定的区域内 (H 是系统的哈密顿量). 区域不再是球. 介于水平 H 和 $H+\Delta$ 之间的区域层的厚度 $\Delta/|\nabla H|$ 也不是均匀的. 在比较区域平均和曲面平均时应考虑到这一点. 如果在区域上积分时, 曲线坐标 H 作为一个积分变量, 那么, 曲面上的均匀标准测度 $\mathrm{d}\sigma$ 应代之以 $\mathrm{d}\sigma/|\nabla H|$.

根据刘维尔定理, 这是相应哈密顿系统 (吉布斯微观正则系统) 的不变测度.

然而, 如果水平面 $H=E$ 与球面很相像, 函数 $|\nabla H|$ 也可看成几乎常值的.

2.4. 集聚原理和极限分布

集聚原理是大数定律的几何翻版 (可能还是非线性的). 在经典的概率论中最深刻的研究通常涉及的是随机变量的线性组合, 例如, 它们的和.

概率论的极限定理确立了大数定律以及概率分布极限定律.

上面, 我们以高维球面 $S^n(r) \subset \mathbb{R}^{n+1}$ 的面积为例, 研究了集聚原理, 同时还得到了当球的维数 n 和它的半径 $r = \sqrt{n}$ 无限增大时这个面积的分布极限定律. 这里所得的结果与概率论中的中心极限定理一致.

对于扰动球面, 如我们刚刚指出的那样, 看来, 集聚原理也是有效的, 因此, 也应有极限分布, 特别地, 它们应当与中心极限定理的各种变形形式相符合.

顺便说一下, 现在能恰如其分地表述、重申如下一般想法: 如果对大系统加上一个整体限制条件 (例如, 总能量限制), 那么, 这在一定意义上就预先设定了它的微观概率结构.

在转入下一章以前, 我们指出, 这里所讨论的各方面的问题明显或不明显地存在于许多研究工作中, 它们在形式上可能涉及数学或数学应用的各种不同的领域, 有关情况, 可参看, 例如, 参考文献 [1~13].

第三章　存在噪声情况下的通信

§1. 连续信号的离散记法 —— 具体化

1.1. 信号的能量和平均强度

我们记得, 如果信号函数 $f \in L_2(\mathbb{R})$ 具有限谱集, 设其频率不超过 W, 则由读数定理可根据信号函数 f 在可数多个点 $t_k = k\Delta$ 的值 $f(t_k)$ 恢复出信号 f 本身, 即有

$$f(t) = \sum_{k=-\infty}^{\infty} f\left(\frac{k}{2W}\right) \frac{\sin 2\pi W\left(t - \dfrac{k}{2W}\right)}{2\pi W\left(t - \dfrac{k}{2W}\right)} \tag{1}$$

(科捷利尼科夫公式), 这里 $\Delta = \dfrac{1}{2W}$ 是由 W 确定的读数时间间隔 (尼奎斯特间隔).

频带越宽, 函数 f 就可能越复杂, 为实现完整的离散编码和逼真的恢复就要更密集地读数, 但这种信号能携带的信息量更大.

函数 $\operatorname{sinc} t = \dfrac{\sin t}{t}$ 在展开式 (1) 中起着基本的作用, 我们知道, 它有在单位频率区间上等于 1 的常谱, 而且是具单位通频带的理想低频

滤波器的脉冲响应函数. 这样一来, 记数函数 sinc 能以这种滤波器对在时刻 $t=0$ 的单位脉冲的响应的形式实现.

相应地, 函数

$$e_k(t)=\operatorname{sinc}2\pi W\left(t-\frac{k}{2W}\right)=\frac{\sin 2\pi W\left(t-\dfrac{k}{2W}\right)}{2\pi W\left(t-\dfrac{k}{2W}\right)}$$

在频带 $0\leqslant\nu\leqslant W(|\nu|\leqslant W)$ 中有谱

$$\breve{e}_k(\nu)=\frac{1}{2\pi W}\exp\left(-\mathrm{i}\frac{\pi}{W}k\nu\right).$$

从函数 $\breve{e}_k$ 在区间 $[-W,W]$ (或任意长为 $2W$ 的区间) 上的正交性, 利用傅里叶变换的帕塞瓦尔等式, 可得函数 e_k 本身在 $L_2(\mathbb{R})$ 中正交且 $\|e_k\|^2=\dfrac{1}{2W}$.

因此, 从等式 $f=\sum\limits_{k=-\infty}^{\infty}x_ke_k$ 可得

$$\|f\|^2=\frac{1}{2W}\sum_{k=-\infty}^{\infty}x_k^2.$$

实践中的信号 f 总有有限持续期 T, 亦即在区间 $0\leqslant t\leqslant T$ 之外有 $f(t)\equiv 0$. 这个条件与函数 f 的谱集的紧支性条件并不一致. 但是, 可以认为, 在区间 $[0,T]$ 外函数值 $f(t)$ 都很小, 从而假定在这个区间外函数的数值的读数为零.

这时, 等式 $f(t)=\sum\limits_{k=1}^{2WT}x_ke_k(t)$ 取代了 $f(t)=\sum\limits_{k=-\infty}^{\infty}x_ke_k$, 这里 $t\in[0,T]$, $x_k=f(k\Delta)$, $\Delta=\dfrac{1}{2W}$.

这种信号能用它的读值向量 $x=(x_1,\cdots,x_n)\in\mathbb{R}^n$ 表示, 且 $n=2WT$.

在这些条件下, 代替帕塞瓦尔等式

$$\int_{-\infty}^{\infty}f^2(t)\,\mathrm{d}t=\sum_{k=-\infty}^{\infty}x_k^2\|e_k\|^2=\frac{1}{2W}\sum_{k=-\infty}^{\infty}x_k^2$$

有等式

$$\int_0^T f^2(t)\,\mathrm{d}t = \sum_{k=1}^n x_k^2\|e_k\|^2 = \frac{1}{2W}\sum_{k=1}^n x_k^2 = \frac{1}{2W}\|x\|^2.$$

不计一个具体的量纲因子的区别, 这里的积分给出了信号 f 的能量 (功) (例如, 当 f 是由单位阻力产生的压差时). 因此, 信号 f 在时间区间 $[0,T]$ 上的平均强度

$$P = \frac{1}{T}\int_0^T f^2(t)\,\mathrm{d}t = \frac{1}{2WT}\|x\|^2 = \frac{1}{n}\|x\|^2.$$

于是, $\|x\|^2 = nP = 2WTP$, 从而可把 P 解释为向量 x 的一个坐标的平均强度, 亦即, 信号 f 的一个读数的平均强度.

这样一来, 表示持续期为 T、具有限谱集、频带为 W 且平均强度不超过 P 的一切信号的向量 $x = (x_1, \cdots, x_n)$ 位于 $n = 2WT$ 维欧氏空间 $\mathbb{R}^n$ 中, 且在以坐标原点为中心、$r = \sqrt{2WTP} = \sqrt{nP}$ 为半径的球 $B(0,r) = B(r)$ 中.

1.2. 按水平量子化

信号 f 读值的测量有一个临界 (极限) 精度 ε. 如果任意一个传递信号的振幅都不超过 A (即 $|f(t)| \leqslant A, \forall t \in [0,T]$), 那么, 将区间 $[-A,A]$ 分成步长为 ε 的均匀分布的一些点 (水平) 的网后, 取这个网中最接近值 $f(t)$ 的点作为 $f(t)$. $f(t)$ 的值就按 $\alpha = \dfrac{2A}{\varepsilon}$ (设它是大于 1 的整数) 个水平量子化了. 相应于信号 f, 有由 n 个字母 x_k 构成的词 $x = (x_1, \cdots, x_n)$, 它按有 α 个不同字母的字母表填写. 这样的词总共有 α^n 个. 如果 $n = 2WT$, 而 W 和 T 都是很大的数, 那么, 数 α^n 就很巨大了.

1.3. 理想的多水平通信管道

在这些条件下, 在时间 T 内能分辨出 (且最多能分辨出) $M = \alpha^{2WT}$ 个不同的信号 $f \sim x = (x_1, \cdots, x_n)$, 亦即, 能从 M 个可能的信号 — 词 — 消息中指出确定的一个.

能区分 M 个不同对象的一个二进制记法 $x^0=(x_1^0,\cdots,x_m^0)$, 要求有 $m=\log_2 M$ 个(设 m 是整数) 0,1 符号. 在二进制记法下, 取坐标向量所对应的信息为信息的基本单位, 叫做比特 (如果各个坐标是平权的, 它们可能的取值 0,1 就是等概率的). 如果我们能毫无错误地接收和传递作为 M 个对象的编码的向量 (词), 那么, 在时间 T 内就能分辨出 M 个对象 (信号, 消息). 信息在这种理想通信管道中 (且使用这种编码) 的传递速度 (从 M 个可能的对象中选定一个的速度), 将以比特每秒计, 它等于 $\dfrac{1}{T}\log_2 M=2W\log_2\alpha$.

1.4. 噪声 (白噪声)

现在研究向量 $x=(x_1,\cdots,x_n)\in\mathbb{R}^n$. 这里 $n=2WT\gg 1$, 我们还知道, $\|x\|^2=2WTP=nP$, 其中 P 是向量 x 的一个坐标的平均强度, 亦即与 x 对应的信号 f 的一个读数的平均强度.

假设在通信管道中有噪声, 这正是实际中常见的情形. 噪声向量记作 $\xi=(\xi_1,\cdots,\xi_n)\in\mathbb{R}^n$, 从而, 在通信管道接收端收到的不是向量 x, 而是被干扰的向量 $x+\xi$. 这样一来, 在每个点 $x\in\mathbb{R}^n$ 附近就产生了一个不确定性区域 $U(x)$, 噪声可能将 x 变成这个区域中的另外一个点.

噪声可以有各种自然属性, 据此, 它们会有各种不同的特点. 我们假定, 噪声是随机的, 不依赖于 x 而且是白的 (热的) 噪声, 亦即向量 $\xi\in\mathbb{R}^n$ 是随机的, 且它的诸坐标是独立的随机变量, 具相同的高斯正态分布率 (数学期望为 0, 方差为 σ^2). 设 N 是噪声的平均 (读值) 强度, 于是 $\|\xi\|^2=nN=2WTN$ (这里记号 N 来源于词 noise, 同时 P 来源于 power), 而 $\sqrt{N}=\sigma$ 是向量 ξ 的每个坐标的随机值与零的标准离差. 如前, 我们认为 $2WT=n\gg 1$.

§2. 具噪声的通信管道的通过能力

2.1. 具噪声的通信管道的通过能力的粗略估计

信号和噪声混杂在一起的平均强度不超过 $P+N$, 因为向量 $x+\xi$

的坐标的平均模不应超过 $\sqrt{P+N}$, 从而, 它应位于半径为 $\sqrt{n(P+N)}$ 的球中.

由于在干扰 (白噪声) 作用下, 向量 (消息) x 的每个坐标有阶为 $\sigma=\sqrt{N}$ 的期望偏移. 每个坐标在接收端好辨认的值的个数, 正比于 $\sqrt{\dfrac{P+N}{N}}$, 比例系数 k 取决于怎样解释 "好辨认" 这个术语. 如果需要改善传输的品质, k 就应当减少.

在时间 T 内有 $n=2WT$ 个独立的坐标 (读) 值, 因此, 不同的信号总共有 $K=\left(k\sqrt{\dfrac{P+N}{N}}\right)^{2WT}$ 个, 这样一来, 在时间 T 内能传递的一个 $\log_2 K$ 位的二进制数, $\log_2 K = WT\log_2 k^2\dfrac{P+N}{N}$. 因此, 传递速度是 $W\log_2 k^2\dfrac{P+N}{N}$ 比特/秒.

2.2. 信号的几何和噪声

现在, 提醒注意以下事实. 在向量 $x\in\mathbb{R}^n$ 上附加了一个白噪声形式的噪扰 $\xi\in\mathbb{R}^n$. 这就是说, 给定了向量 $x\in\mathbb{R}^n$ 和与之无关且关于空间 $\mathbb{R}^n$ 的诸方向均匀分布的随机向量 $\xi\in\mathbb{R}^n$. 空间 $\mathbb{R}^n$ 的维数 n 巨大. 这时, 根据集聚原理 (见第二章), 以微不足道的出错概率, 可以断言, 向量 ξ 几乎正交于 x (亦即, 应当认为向量 x 和 ξ 的内积和相关性都等于零).

还有, 由于极高维的球的体积主要都集聚于它的边界球面的小邻域内, 可以认为, 如果随机点位于这种球内, 那么, 它多半是几乎处在边界球面上的.

因此, 当 $n=2WT\gg 1$ 时, 完全可以认为

$$\|x\|^2=nP,\qquad \|\xi\|^2=nN,\qquad \|x+\xi\|^2=n(P+N).$$

由于噪扰作用, 在我们的情况下, 出现在接收端任意点 $x\in\mathbb{R}^n$ 附近的不确定区域 $U(x)$ 的是半径为 $r=\sqrt{n\sigma}=\sqrt{nN}$ 的球 $B(x,r)$.

在这样的条件下, 在球 $B(0,\sqrt{nP})$ 内有多少不同的信号 x 呢? 显然, 不会超过球 $B(0,\sqrt{n(N+P)})$ 的体积与半径为 $\sqrt{nN}$ 的球的体积

之比. 这样一来, 我们对能辨认出来的信号的个数 M 有如下的上方估计

$$M \leqslant \left(\sqrt{\frac{P+N}{N}}\right)^{2WT} = \left(\frac{P+N}{N}\right)^{WT}. \tag{2}$$

由此, 对信号传递速度 C, 有估计

$$C = \frac{\log_2 M}{T} \leqslant W \log_2 \frac{P+N}{N} = W \log_2 \left(1 + \frac{P}{N}\right). \tag{3}$$

在这里应当暂停一会, 做个注解, 如果试图在半径为 $\sqrt{n(N+P)}$ 的球中尽可能多地装入半径为 $\sqrt{nN}$ 且满足 "坚硬而互不相交, 仅能毗连相接" 条件的球, 那么, 当 $n = 2WT \gg 1$ 时, 这种球的个数, 相对于上述体积比, 将小得可怜. 虽然如此, 香农定理 (我们已为它的证明准备好了一切) 断言: 只要时间 T 足够长, 传递速度 C 就能任意接近上面指出的它的上方估计, 同时有任意小的传递出错概率.

正是有出错的可能 (尽管这是罕见的), 才得以解除 "被装入的球互不相交" 这种条件. 如果空间维数巨大, 如我们在专题二中所见, 球的中心可以相互靠得很近, 球彼此相交, 但是, 甚至当同样半径的球的球心接近一个半径时, 它们相交部分的体积还可能是相对很小的. 当球心靠得近时, 能装入的球的数量就会增多, 但这时接收信号在编码中出错的概率也随之增加.

综合考虑上述各种情况的相互作用, 就形成了香农定理的几何学基础.

2.3. 香农定理

定理 2.1 设 P 是发报机的平均功率, 而干扰信号是功率为 N、波带为 W 的白噪声, 那么, 应用足够复杂的编码系统, 能够以速度

$$C = W \log_2 \frac{P+N}{N}$$

传递二进制数字, 且频率误差小于任意指定的小数. 但是, 任何编码方法都不能以更高的平均速度在频率误差不超过任意指定的小数的情况下传递信号.

取 M 为估计式 (2) 右边的数. 这是一个很大的数, 可忽略它的小数部分, 把它当作一个整数. 我们要传递的向量 (词, 信号) 应在球 $B(0,\sqrt{nP})\subset\mathbb{R}^n$ 中. 在这个球中随便取 M 个点. 所谓"随便"是指, 它们是随机且相互独立地取的, 点落入一个区域的概率正比于这个区域的体积, 亦即等于这个区域的体积与整个球 $B(0,\sqrt{nP})$ 的体积之比. (如果将这种随机选取重复多次, 那么, 点的分布通常的确就是这样的.) 这里的 $n=2WT$, 而 $M=\left(\dfrac{P+N}{N}\right)^{WT}$, 因此, 每个点分摊到的体积量为 $\dfrac{1}{M}|B|$, 其中 $|B|$ 表示球 $B(0,\sqrt{nP})$ 的体积. 这就是说, M 个点中的一个点落入这个区域的概率等于 $\dfrac{1}{M}=\left(\dfrac{N}{P+N}\right)^{WT}$. 当然, 当 $T\to+\infty$ 时, 无论正数 P 和 N 有怎样的关系, 这个概率都趋于零.

如果我们的 M 个点是随机选的, 注意到 $n=2WT\gg 1$ 以及球 $B(0,\sqrt{nP})$ 的体积是往它的边界集聚的, 不计微不足道的相对误差(T 越大, 它就越小), 可以认为, 所有选出来的点都在这个边界球面的任意小的一个邻域内.

我们还要提醒, 噪声向量 ξ, 如上指出, 当 $n\gg 1$ 时以任意接近于 1 的概率正交于信号向量 x. 因此, 当 $n=2WT\gg 1$ (亦即 $T\to+\infty$) 时, 我们有① $\|x\|^2=nP$, $\|\xi\|^2=nN$, $\|x+\xi\|^2=n(P+N)$.

现在进行最后的论证并完成具体的估计. 假设在球 $B(0,\sqrt{nP})$ 中随机地选出了 M 个点, 我们把这些点看成是相应的 M 条打算通过通信管道发出的消息. 对球内的点这种选取加上它们与消息的这种对应, 就是对要传递的这些消息的一个确定的编码. 我们事先与接收方约定好了选取这样的编码. 因此, 如果不存在干扰信号, 那么, 接收器收到的是没有畸变的信号 x, 根据约定, 它将被单值地译成相应的消息.

当管道内有对接收设备的噪声干扰时, 信号就不是 x, 而是 $x+\xi$. 接收者从有确定编码的 M 个点中找出与 $x+\xi$ 最近的点, 并把它当作原来发送的信号. 这样做自然有出错的可能, 就是说, 读出的消息有可

①如果把 P 和 N 解释为信号和噪声的标准离差 D_x, D_ξ, 那么, 在这里 $x+\xi$ 作为独立随机变量的和, 应满足经典的概率论关系式 $D^2_{x+\xi}=D^2_x+D^2_\xi$.

能不是原来发出的消息. 但是, 这种错误, 仅当在有确定编码的 M 个点中, 除 x 外, 还有其他的点在 $x+\xi$ 的 $(\sqrt{nN})$-邻域中时, 才会发生.

现在对这样一个事件的概率作上方估计. 为此, 我们估计点 $x+\xi$ 的 $(\sqrt{nN})$-邻域与球 $B(0,\sqrt{nP})$ 的交集的体积. 由于 $\|x+\xi\|^2=n(P+N)$, 这是一个简单的几何问题. 在过坐标原点 O, 点 $a=x$ 和 $b=x+\xi$ 的二维平面中作三角形 Oab. 以 a 为顶点的内角是直角, 两直角边的长为 $|Oa|=\sqrt{nP}$, $|ab|=\sqrt{nN}$, 而弦长为 $|Ob|=\sqrt{n(P+N)}$. 利用计算它的面积的两种方法, 易得, 从顶点 a 到弦的高 $h=\sqrt{n\dfrac{PN}{P+N}}$. 现在, 如果取以 h 为半径、中心在该高线的垂足处的球, 那么, 这个球显然包含了我们感兴趣的由球 $B(0,\sqrt{nP})$ 与点 $b=x+\xi$ 的 $(\sqrt{nN})$-邻域的交集作成的区域. 因此, 除位于这个区域边界上的点 x 外, 编了码的 M 个点中有某个点落入这个区域的概率, 应小于半径为 h 的球和半径为 $\sqrt{nP}$ 的球的体积之比. 从而, 这个概率小于 $\left(\dfrac{N}{P+N}\right)^n=\left(\dfrac{N}{P+N}\right)^{WT}$, 当 $T\to+\infty$ 时, 它趋于零.

这样一来, 在这种通信管道中, 只要 T 充分大, 就能以任意小的容错概率, 在时间 T 内辨认出 $M=\left(\dfrac{P+N}{N}\right)^{WT}$ 个不同对象中的任一个, 准确地说, 能鉴定 M 条不同信息中的任一条. 用二进制单位的话说, 就是: 在时间 T 内, 能传递 $\log_2 M$ 比特的信息. 因此, 不等式 (3) 中指出的一般速度上界, 实际上是可以任意接近的信息传递速度.

定理证毕.

§3. 香农定理的讨论、例子和补充

3.1. 香农的评述

对香农定理最好的简评还要数香农自己说的如下一番话 ([2], 第 103 页), 它把人们初读时难以觉察的一些问题都解释清楚了:

"我们称能以速度 C 准确传送消息的系统为理想系统. 这种系统用任何有限的编码过程都不能实现, 但可任意逼近它. 随着对理想系统的

逼近将出现: (1) 二进制数的传送速度[①]逼近于 $C = W\log_2\left(1+\dfrac{P}{N}\right)$; (2) 出错率逼近于零; (3) 被传送的信号, 从其概率的性质看, 逼近于白噪声, 粗略地说, 这是因为所采用的信号函数必须随机分布在半径为 $\sqrt{2WPT}$ 的球中; (4) 门槛效应变得非常突出, 如果噪扰超过由系统构造决定的一个值, 出错率将很快增加; (5) 传送和接收所需延迟将无限制地增长, 当然, 在宽带系统中, 延迟一毫秒就已经可以看成是无限的了."

在这里, 可能只有第 (5) 点中的第一句话需要加以说明, 同时也把定理中作为传递速度出现的量 C 的实际含义解释清楚. 为了能用二进制符号表示出 M 个不同对象中的每一个, 需要 $\log_2 M$ 个二进制记号. 对于 M 个可能消息中的一个消息, 只有在传递完, 或相应地, 接收完它所有 $\log_2 M$ 个二进制数码以后, 才发出或收到了这条消息. 这总共需要的时间是 $2T$, 可这意味着, 传递这条消息本身耽搁了这么长的时间, 而当 $T\to\infty$ 时, 传送二进制记号的平均速度, 亦即每秒传送的比特数, 逼近于定理中指出的上限.

下面举出一些例子, 它们说明这类问题还有另外一些值得研究的方面.

3.2. 强噪声下的弱信号

从最优编码的构造可以看出 (这也是香农在上面引文的第 (3) 点明确指出的), 这种编码的概率性质与白噪声相似. 这说明, 如果不能把高智慧文明的地外生物发给我们的信号与噪声区别开来, 那么建立 (发现) 与它们的联系就相当困难.

但是, 让我们考察另一种情况, 在强噪声背景下 (例如, 在有很大的白噪声的信道内), 有一个很弱的随机出现的周期信号, 能从噪声中把有意义的信号 f 分离出来吗? 假设我们已经知道或能用别的办法求出周期 T, 现在就连续 $n \gg 1$ 次收听并录制这个带有干扰的信号, 然

[①] 与米谢尔斯基 – 齐奥尔柯夫斯基公式完全一致.

后再同步地把这些录音复制在一起, 也就是, 把它们叠加起来. 这时, 将会发现, 随机噪声自己把自己压了下去, 而信号却增强了. 因此, 有时也可以期望, 随机噪声本身能战胜随机噪声.

3.3.　语言冗余

为了克服信道中的噪声, 我们常常采用科学上称之为编码复杂化或编码冗余的方法.

香农在其评述的第 (4) 点指出了最优编码有非常突出的门槛效应. 稍后我们还会回过来讨论这个问题. 这里仅通过例子对它作些说明.

如果您在电话里向谈伴口授些什么, 让他记录, 而有些词他听不清楚或不知道怎么写. 这时, 您开始重复您说过的词或把词按字母读给他听, 而字母又是借助读整个形如 Анна (安娜), Мария (玛丽娅), Балбес (巴尔别斯), Аристотель (阿里斯多德), ··· 的词告诉他.

您给 А, М, Б, ··· 作了显然多余的编码, 以便克服噪扰. 我们看到, 最经济的编码当然很漂亮, 但也最危险, 正如一切具最大势能的可能状态都不是稳定状态一样.

容易发现, 任何一种会话语言都是冗余的 (其中大约有 50% 是多余的), 然而, 这对于正常交流是有好处的.

3.4.　用粗糙仪器作精细的测量

怎样用刚刚给您量过身高, 精度只能达到 0.5 cm 的量具量出一张纸的厚度呢? 回顾上面举出的通信管道中有大噪扰情况下弱周期信号的例子, 就可以想到, 如果有可能, 只要取几叠这样的纸, 把它们摞在一起测量就行, 譬如, 量出一千张纸的厚度是 20 cm, 绝对误差限是 0.5 cm, 那么, 假定纸的厚度是一致的, 就得到一张纸的厚度是 0.2 mm, 误差不超过 0.005 mm.

这个例子的思想也可以推广至用不可靠的元件制作可靠的结构 (器具、仪器、机械).

3.5. 香农 – 法诺码

隐藏在证明细节中的香农定理最优编码的概率结构, 在下述所谓香农 – 法诺最优码的直白想法中可以清清楚楚地显露出来.

为了叙述起来省事, 我们考察一个简单但很典型的例子. 显然, 可以把它推广到一般情形.

设有一个由四个字母构成的字母表, 所有的词由这些字母组成. 沿通信管道能以同一速度和可靠性传送二进制信号 0 和 1, 我们把字母表中的字母译成电码, 例如, 它们依次译为 $(0,0)$, $(0,1)$, $(1,0)$, $(1,1)$. 做完这些后, 就可以用字母传送电文了. 暂时不考虑噪扰, 只关心怎样把字母译成电码更经济这样一个关系信息传递速度的问题.

我们假设, 根据语言的统计分析已经知道, 四个字母在文稿中出现的频率不尽相同, 譬如, 它们的概率依次是 $\frac{1}{2}, \frac{1}{4}, \frac{1}{8}, \frac{1}{8}$.

这时, 合理的做法是这样的: 首先将字母分成概率相等的两组 (在这里, 第一个字母作成一组, 其余的字母作成另一组), 分别用符号 0 和 1 标示它们. 随后, 对每一组和它们的子组重复这个做法, 直至子组只有一个字母. 这就是香农 – 法诺码的想法. 在我们的情况, 诸字母依次的译码为: $(0), (1,0), (1,1,0), (1,1,1)$.

设有由 T 个字母构成的充分长的电文, 我们来比较上述两种编码. 在第一种情况, 需要传送 $2T$ 个二进制符号, 而在第二种情况所需个数是

$$\Big(\frac{1}{2}\times 1+\frac{1}{4}\times 2+\frac{1}{8}\times 3+\frac{1}{8}\times 3\Big)T=\frac{7}{4}T.$$

其次, 在这种最优码中, 无须使用标点符号, 也能正确恢复字母序列 (试译电码 10011000111110). 但是, 只要在传送或接收中弄错一个二进制符号, 整个电文就再也读不出来了.

3.6. 最优码的统计特点

从上面考察的展示香农 – 法诺码的思想的例子看出, 最优码是力求按传递的符号均匀分配信息的. 对于长消息, 如果预先作好了它的

统计处理, 这是可以做得到的.

最经济的编码的危险性也是明显的.

我们还注意到, 香农定理涉及的噪扰是白噪声, 而实际中的噪扰有各种不同性质, 既有随机的, 也有决定论性质的. 即使是随机噪扰, 也可能有不同的统计特征. 理所当然, 对具体情况应做具体处理. 一般理论只能提供对这类事情进行理性思考的指南, 并非解决所有问题的通用药方.

3.7. 编码和解码 —— ε-熵和 δ-容量

前面我们曾经讲过连续信号按一组离散水平量子化的问题. 对距离空间的任意紧子集实行有限离散描述的标准做法是建立它的有限 ε-网, 亦即选用哪种有限点集, 它使紧集中每一点都能用该有限点集中的某一个点近似地代替且精确到不超过一个 ε 的距离. 量 ε 刻画了近似程度所能允许的误差. 如果使用的仪器不能把 ε 范围内的不同对象区别开来, 那么, 除非有特别的需要, 一切关于紧集中所有的点的命题都是没有意义的. 代替整个紧集只要使用它的一个 ε-网就足够了. 因此, 有限 ε-网本身可以看成是一个用来描述紧集的具有精度 ε 的离散编码.

当然, 我们希望所采用的 ε-网在可能条件下是最经济的, 也就是希望它包含的点尽可能少. 当 ε 趋于零时, 这种最经济的 ε-网中的点的个数 N_ε, 一般说来, 是无限增长的, 其增长速度与紧集的特性和距离的定义有关.

柯尔莫戈洛夫把量 $\log_2 N_\varepsilon$ 叫做紧集的 **ε-熵**.

例如, 如果取欧几里得空间 $\mathbb{R}^n$ 中的单位立方体 I^n 或任一有界区域, 那么, 不难验证, $\log N_\varepsilon$ 和 $\log \dfrac{1}{\varepsilon}$ 的比值当 $\varepsilon \to 0$ 时的极限等于空间的维数 n.

顺便指出, 这可以作为维数的定义, 从而有可能讨论非整数维问题.

值得在此一提的另一个更有趣的应用 ε-熵概念的例子, 是与希尔伯特第十三问题有关的文献 [3]. 粗一点说, 可以把这个问题叙述成广告形式: 存在多元函数吗? 准确一点说, 就是: 每个多元函数都能由自变量少的函数组成吗? 或它们都能表示成有限多个自变量少的函数的叠加 (复合) 的形式吗?

A. H. 柯尔莫戈洛夫和 B. И. 阿诺尔德证明了, 每一个多变量连续函数都能表示成单变量连续函数和两个变量的连续函数叠加的形式, 而且, 柯尔莫戈洛夫发现, 作为两个变量的函数, 只要有函数 $x+y$ 就足够了 (参看 [5, 6]).

但是, 在此以前, A. Г. 维图什金证明了, 并非每个光滑多元函数都是具同样光滑性的自变量更少的函数的复合 (参看 [4]). 为了简练地把维图什金的结果陈述准确, 我们按照他的做法考察数 $v=\dfrac{n}{p}$, 它是函数自变量个数与函数可连续求导的阶数之比. 这个数是函数在维图什金意义下的复杂性指数. 通常用 $C_n^{(p)}$ 表示定义在 n 维单位方体 $I^n\subset\mathbb{R}^n$ 上的 n 元 p 次连续可微函数类. 设 $k<n$. 试问, 什么时候 $C_n^{(p)}$ 中任意一个函数都能用 $C_k^{(q)}$ 中的函数叠加表示? 维图什金证明了, 为此它必须满足关系 $\left(\dfrac{n}{p}=v\right)\leqslant\left(\widetilde{v}=\dfrac{k}{q}\right)$.

维图什金在他的证明中特别用到了关于代数流形贝蒂数的奥列尼克估计. 这个估计是奥列尼克与彼得罗夫斯基研究关于实代数曲线的卵形个数和分布的希尔伯特第十六问题时得到的.

对于维图什金的结果, 柯尔莫戈洛夫给出了不同的解释(证明), 它直截了当, 看起来也最自然, 而且正好与信息和熵密切相关 [7].

空间 $C_n^{(p)}$ 和 $C_k^{(q)}$ 都是无限维的, 但是,正如柯尔莫戈洛夫指出的, 如果在 $C_n^{(p)}$ (相应地, $C_k^{(q)}$) 中取那样的一切紧集, 每个紧集由 $C_n^{(p)}$ (相应地, $C_k^{(q)}$) 中一切那样的函数组成, 它直到 p 次(相应地, q 次)的所有导数的绝对值都不超过一个确定常数, 那么, 它们的 ε-熵当 $\varepsilon\to 0$ 时的增长阶分别是 $\left(\dfrac{1}{\varepsilon}\right)^{\frac{n}{p}}$ 和 $\left(\dfrac{1}{\varepsilon}\right)^{\frac{k}{q}}$. 如果 $C_n^{(p)}$ 中每个函数都能表示成有限多个 $C_k^{(q)}$ 中的函数叠加的形式, 那么, $\left(\dfrac{1}{\varepsilon}\right)^{\frac{n}{p}}=O\left(\left(\dfrac{1}{\varepsilon}\right)^{\frac{k}{q}}\right)$. 这样一来, 就证明了不等式 $\left(\dfrac{n}{p}=v\right)\leqslant\left(\widetilde{v}=\dfrac{k}{q}\right)$ 成立.

希尔伯特问题本身仍然是值得关注的，因为在代数范围内 (在希尔伯特第十三问题，亦即关于七次代数方程的解的表示的问题中，说的就是这类函数)，它至今还没有解决. 这方面的问题可参看文献 [3,7].

我们不打算在这里深入讨论这些问题，仅再举一个应用离散编码和 ε-熵概念的并非平庸无奇的例子.

我们再对离散编码问题进行一点讨论，做一点关于这个问题的补充. 经济的 ε-网可以看成是研究对象 (距离空间中的紧集) 的经济离散编码，它对对象的描述能精确到 ε. 设在通信管道两端使用的都是这种编码. 这时，如果在消息的传递过程中没有差错，那么，在接收端得到的就是发送端所取的 ε-网中的点的信号. 但是，如果由于通信管道的种种原因信号传递可能出现错误，从而发送出来的点在接收端有可能仅恢复到它的 δ-邻域内，那么，很显然，在译码时就可能发生我们前面已经说过的那种差错. 如果我们想完全排除出错的可能，就不得不放弃 ε-网形式的经济编码. 现在要考虑的已是相反的问题，应当寻求的是紧集的这样一种子集：其中诸点彼此相距不小于 2δ，且含点数最大，记作 n_δ. 只有用这种集 (它显然是 2δ-网) 来编码，在所说的条件下才能确保传递不出现差错.

如果量 $\log_2 N_\varepsilon$ 像我们已知的那样叫做紧集的 ε 熵，那么量 $\log_2 N_\delta$ 就叫做它的 **δ-容量**或 **δ-贮量**.

各种函数类的 ε-熵和 δ-容量的计算以及进一步的引文可在文献 [8, 9] 中查到.

有关信号加工的一些更深入的理论可在文献 [9~14] 中查到.

§4. 具噪声的通信管道的数学模型

4.1. 最简单的模型和问题的提法

通常，为了节省研究成本，我们总是从考察最简单的模型开始. 但是，这个模型应当包含了几乎所有我们当前所需要的最重要的东西，而且，如果需要的话，它也能比较容易地加以推广.

通过通信管道, 播报员把信号 0 和 1 发送给了收报员, 但是由于噪扰的存在, 收报员有时可能将 0 译成 1, 而将 1 译成 0. 记 p 是信号能正确通过通信管道的概率.

通信管道中传送的消息 (电文, 词) 是以符号 0 和 1 为字母组成的字母序列. 假定管道对词的各个字母的作用是独立的, 亦即, 它不记得曾经传递过什么字母, 是一条**无记忆管道**.

这种通信管道有怎样的通过能力呢?

问题提出来了. 它的合理性在直观上是清楚的. 我们同时明白, 为了对它作出回答, 必须弄清楚, 它究竟指的是什么.[1]

前面在证明香农定理之前, 我们 (按照香农的做法) 首先考察了直观上通用的一些术语和概念, 详细分析了它们的含义和准确内容.

我们现在又要做 (还是遵循香农的做法) 这件事. 当然, 有了过去的经验, 做起来就容易多了. 说实在的, 在许多方面它就是把以往的经验抽象成一种定型手续.

至于具噪扰的通信管道的更一般的抽象模型, 那么, 很显然, 应把由两个字母构成的字母表代之以任意有限 (不只有一个字母的) 字母表, 并假定第 i 个字母在接收端被译成第 j 个字母的转移概率为 p_{ij}. 这样, 转移概率矩阵 (p_{ij}) 就做成一个具噪扰通信管道的模型.

如果字母以不同的概率发生畸变, 那么, 信息传递的速度可能依赖 (并取决) 于被传递的消息所用的编码的合理性. 显然, 经常用的那些符号遭受的畸变越小就越好. 此外, 我们从香农 – 法诺码的经验知道, 对播发消息本身的文稿做一番清点, 搞清楚它们有怎样的统计特性, 是很有益处的.

设通信管道由矩阵 (p_{ij}) 给定. 看起来, 它的通过能力应理解为它

[1] 有这样一个故事: 著名的普林斯顿透视探测研究所 (IAS) 的一位访客, 被安排在当时空着的荷德尔的一个房间住. 离去前, 这位访客在桌子上留了一张感谢主人的便笺, 同时还表示他为未能面见荷德尔感到遗憾. 过了一些日子, 这位访客收到了来自读过便笺的荷德尔的一封恭恭敬敬的信, 请他直说, 那便笺究竟是什么意思.

(信息传递设备) 在各种不依赖于它自身的工作条件下的所有可能传递速度的上确界, 例如, 关于传递文稿的一切编码方法所有可能传递速度的上确界.

显然, 同一套信息传递设备, 不同的人使用, 可以有不同等级的传递效率, 信息传递设备本身的能力, 作为假定, 应当用它在应用中的最高效率来估计.

当然, 一旦最大传递速度在最优编码下得以实现, 又可能出现新的问题, 例如, 我们曾见过的, 在极端经济的编码下隐藏着极大的危险的问题. 但是, 我们把这些问题先放在一边, 现在来详细分析信息传递速度以及一般是怎样理解**信息**和信息量这些术语的.

4.2.　信息和熵 (初步研究)

正如我们曾指出过的那样, 电报和无线电通信的出现促进了对信息概念及其定量描述的深入研究.

一旦得到信息, 原有的不确定性就会发生变化. 由此看来, 用不确定性的这种改变来度量信息的大小是合理的.

在最简单的情况下, 只有两个平权的可能性. 例如, 一个恰好有两个等概率的可能值 1 和 0 (开和关) 的随机变量. 这样一个随机变量的具体取值状态的消息必将消除它取值的不确定性. 我们记得, 这样一个信息的大小, 作为单位, 叫做比特 (bit 是 binary digit —— 二进制数字 —— 的缩写).

为了能从 M 个对象中辨认出任一个, 拟定一些只能回答 “是” (1) 或 “不是” (0) 的问题, 我们知道, 这要求有 $\log_2 M$ 个二进制符号 (二分法). 这样一个系统 (随机变量) 能够记录的信息 (按照它的不确定性的大小) 为 $m = \log_2 M$ 比特. 准确地说, 如果所考察的随机变量的所有 M 个可能值 (状态) 是等概率的, 那么按照约定的对应辨认出它们中的一个, 等价于给出 $\log_2 M$ 个二进制数字, 亦即传达了 $\log_2 M$ 比特的信息.

现在给出一个比较形式的叙述: 设 X 是任意一个离散的随机变

量, 它可以取 M 个不同的值 x_i, 而取值 x_i 的概率为 p_i.

怎样计算概率? 对于这样一个随机变量怎样界定不确定性 (和信息) 的测度才是合理的?

我们把刚刚得到的结果记成如下形式:

$$m = \log M = M \cdot \frac{1}{M} \log M = \sum \frac{1}{M} \log M = -\sum \frac{1}{M} \log \frac{1}{M},$$

这里将 $\frac{1}{M}$ 解释为这 M 个对象中具体的一个出现 (实现、选取) 的概率 (自此往后将简记为 $\log_2 = \log$).

大概, 在一般情形下, 应采用 $-\sum_{i=1}^{M} p_i \log p_i$. 现在, 我们来强化这个假定.

量 $H(X) = -\sum p_i \log p_i$ 叫做离散随机变量 X 的**熵**. (按连续性, 我们约定 $0 \log 0 = 0$.)

我们来做一个熵的试验. 如果事件 x_i 的概率 p_i 很小, 那么应当假定, 很少发生的事件的信息 $(-\log p_i)$ 很大. 另一方面, 如果事件 x_i 是很少发生的, 那么在一个长的观察时段内, 该事件与其自己的信息实际出现的时间 (全部观察时间的 $100p_i\%$) 是很短的. 因此, 这个事件 (随机事件 X 取值 x_i) 在一个长观察时段内的平均信息等于 $-p_i \log p_i$.

这样, 如果 $-\log p_i$ 是概率为 p_i 的事件的不确定性和信息的测度, 那么 $-p_i \log p_i$ 就是这个事件所携带的信息的平均信息量, 从而, $H(X) = -\sum_{i=1}^{M} p_i \log p_i$ $(-\log p_i$ 的数学期望) 是随机变量 X (取值) 这个单一事件所携带的信息的平均值.

请注意, 在这里我们对实际事件 x_i 到底是什么并不感兴趣, 虽然在其他情况下这也可能成为一个最主要的问题.

现在写出熵的统计特征的精确形式: 对任何正数 ε 和 δ, 存在数 $n_{\varepsilon,\delta}$, 使得对一切 $n \geqslant n_{\varepsilon,\delta}$ 成立不等式

$$P\Big\{\Big|\frac{1}{n}\sum_{i=1}^{n} \log p_{x_i} - H(X)\Big| < \delta\Big\} > 1 - \varepsilon. \tag{4}$$

这里, P 照常用来表示括号中的事件的概率, $x_i(i=1,\cdots,n)$ 表示随机变量 X 的 n 个独立取值, 而 p_i 是 X 取值为 x_i 的概率.

怎样把熵与编码联系起来呢?

我们考察消息 —— 词 —— 向量 $\overline{x}=(x_1,\cdots,x_n)$, 它由随机变量 X 的 n 个顺序独立取值组成. 词 $\overline{x}$ 出现的概率 $p_{\overline{x}}$ 为

$$p_{\overline{x}} = p_{x_1}\cdot\cdots\cdot p_{x_n}.$$

根据关系式 (4), 当 $n \geqslant n_{\varepsilon,\delta}$ 时, 由于所说事件的概率大于 $1-\varepsilon$, 得

$$2^{-n(H(X)+\delta)} \leqslant p_{\overline{x}} \leqslant 2^{-n(H(X)-\delta)}. \tag{5}$$

词 $\overline{x}$ 如果满足这个估计, 则称它是 δ-型的. 显然, 这种 δ-型词总共不超过 $2^{n(H(X)+\delta)}$ 个; 如果 $n \geqslant n_{\varepsilon,\delta}$, 总共还不少于 $(1-\varepsilon)2^{n(H(X)+\delta)}$个, 同时, 一切非 δ-型词的集合的概率不超过 ε.

原则上现在已经可以用长为 $n(H(X)+\delta)$ 的二进制序列给所有 δ-型词编码. 即使其余的词都用同一个符号编码, 使用这种编码播出的长为 n 的词 $\overline{x}$, 在传递中的出错概率仍将小于 ε.

另一方面 (就是我们已经看到过的经济编码的这种不稳定性效应), 任何编码, 如果它在同样情况下使用的二进制序列相对于长度 $n(H(X)-\delta)$ 稍小一点 (例如, $n(H(X)+\delta)$ 个符号中有 $2n\delta$ 个在噪声中遗失), 则出错的概率当 $n\to\infty$ 时将不会渐近地消失, 而是趋于 1.

因此, 熵与信息编码的联系在于, 例如, 有效的编码方法要求词的个数当 $n\to\infty$ 时渐近于 $N\sim 2^{nH(X)}$, 而 $H(X)$ 可以解释成一个符号 (亦即随机变量 X 的一个值) 所具有的以比特计的信息量的测度.

特别地, 由此得到, 信息源的熵不应超过通信管道的通过能力, 否则, 这个信息管道将不能正确和及时地传递川流不息的信息.

4.3. 条件熵和信息

我们逐渐回到信息沿管道传递问题上来. 信息发送者发出消息 $\overline{x}=(x_1,\cdots,x_n)$, 接收者收到 $\overline{y}=(y_1,\cdots,y_n)$. 怎么把接收到的消息

恢复成发出的消息呢? 如果没有任何畸变, 亦即总成立 $y_i = x_i$, 那就没有什么问题好讨论了. 因此, 我们将假定管道具有从发出信号 x_i 到接收信号 y_i 的转移概率矩阵 (p_{ij}).

现在按另一种方式提出问题: 在消息 $\overline{y}$ 中包含了怎样的有关消息 $\overline{x}$ 的信息? 换另一个说法, 就是: 当我们得知 $\overline{y}$ 后, $\overline{x}$ 的不确定性会发生怎样的改变 (减少)?

我们转入条件概率的讨论, 并引进通信管道进口处的随机变量 X 关于出口处的随机变量 Y 的条件熵 $H(X|Y)$ 的概念.

这时, 遵循香农的做法, 考察

$$I(X;Y) = H(X) - H(X|Y), \tag{6}$$

并把它看成是这种通信管道中一个拍发出的信号 (随机变量 X 的一个值) 平均携带的**有效信息量**.

因此, **通信管道的通过能力**由

$$C = \sup_{\{p_x\}} I(X;Y) \tag{7}$$

确定, 其中上确界是关于一切可能的编码, 亦即关于输入随机变量 X 的一切可能的概率分布 $\{p_x\}$ 取的, 而随机变量 X 的一切可能取值构成一个确定的有限集 (字母表).

这样我们将能确定一个随机变量 X 关于另一个随机变量 Y 的**条件熵**.

设 $\{p_x\}$, $\{p_y\}$ 和 $\{p_{x,y}\}$ 依次表示随机变量 X, Y 和相容随机变量 $Z = (X, Y)$ 的概率分布.

如果在入口处出现随机变量 X 取 x_i 值的概率等于 p_i, x_i 到 y_j 的转移概率由 $p(y_j|x_i)$ 给出并等于 p_{ij}, 那么, 相容事件 $z_{ij} = (x_i, y_j)$ 的概率等于 $p(y_j|x_i)p_i$, 而在出口处出现随机变量 Y 取 y_j 值的总概率 p_{y_j} 等于 $\sum\limits_i p(y_j|x_i)p_i$.

为了简化公式的书写且不会引起含混不清, 我们将不再写出下标.

例如, 标准的条件概率公式将记作 $p_{x,y} = p(y|x)p_x$ 或 $p_{x,y} = p(x|y)p_y$, 这是因为$p_{x,y} = p_{y,x}$.

首先求随机变量 X 在随机变量 Y 取值为 y 的条件下的条件熵 $H(X|Y = y)$. 换句话说, 我们现在求: 在随机变量 Y 取值为 y 的条件下 X 的熵 (不确定性) 是怎样的.

$$H(X|Y = y) = -\sum_x p(x|y)\log p(x|y) = -\sum_x \frac{p_{x,y}}{p_y}\log\frac{p_{x,y}}{p_y}.$$

现在也可以求出我们感兴趣的随机变量 X 关于随机变量 Y 的条件熵:

$$\begin{aligned}H(X|Y) &= -\sum_y p_y H(X|Y = y) = -\sum_y p_y \sum_x \frac{p_{x,y}}{p_y}\log\frac{p_{x,y}}{p_y}\\ &= -\sum_{x,y} p_{x,y}\log p_{x,y} + \sum_y p_y\log p_y = H(X, Y) - H(Y).\end{aligned}$$

这里 $H(X, Y)$ 是由随机变量 X 和 Y 构成的元素对 $Z = (X, Y)$ 的相容熵; 元素对 $Z = (X, Y)$ 的概率分布是 $\{p_{x,y}\}$.

我们求出了 $H(X|Y) = H(X, Y) - H(Y)$. 但是, 因为 $p_{x,y} = p_{y,x}$ 以及 $p_{x,y} = p(y|x)p_x = p(x|y)p_y = p_{y,x}$, 关系式

$$H(X, Y) = H(Y, X)$$

和

$$H(X, Y) = H(X|Y) + H(Y) = H(Y|X) + H(X)$$

也成立.

因此,

$$H(X, Y) = H(X|Y) + H(Y) = H(Y|X) + H(X) = H(Y, X). \tag{8}$$

注意到信息量的公式 (6) (香农的定义), 我们得到

$$I(X, Y) = H(X) - H(X|Y) = H(X) + H(Y) - H(X, Y). \tag{9}$$

因为 $H(X, Y) = H(Y, X)$, 由此可得

$$I(X; Y) = I(Y; X). \tag{10}$$

4.4. 对具噪声的通信管道内的信息丢失的解释

现在简要地谈谈对引进的概念和揭示的相互关系的实质性意义的认识.

离散随机变量 X 的熵 $H(X) = -\sum_{x} p_x \log p_x$ 是它的一个统计平均特征. 如果把 $-\log p_x$ 解释成用二进制单位 (比特) 表示的事件 (随机变量 X 的值 x) 的不确定性、罕见性的测度, 并以与这个测度成正比的关系来度量事件 x 发生的消息中所包含的信息量, 那么, $H(X)$ 就是 $-\log p_x$ 这个量的数学期望.

熵是随机变量 X 取它的一个值的不确定性的一种平均测度. 在另一个解释中, 这是随机变量取它的某个值这一信息的平均测度. 同时假定, 我们得到一长串随机变量 X 的独立的值, 并将所得信息按随机变量所取值个数平均, 还默认, 值的拍发和接收是均匀的 —— 随机变量的各个值占有大小相等的时段. 正是这样的原因, 当谈及用通信管道拍发信息时, 人们愿意把信息源的熵理解为信息源在单位时间内给出的平均信息量.

如果通信管道能让这种信息流无畸变地通过,则一切顺利. 而如果有出错的可能, 就将产生新的问题. 在香农定理的例子中看到, 对于具体情况, 必须考虑具体的物理参数 (频带、信号水平、噪声水平、噪扰的统计特征等). 正确地考虑和处理这些参数是一个独立的重要课题.

我们研究过一个抽象的具噪扰的通信管道模型, 并得到了有用的条件熵 $H(X|Y)$ 的概念. 它的目的是: 在能监视随机变量 Y 的状态的条件下, 对仍然是随机变量的 X 的不确定性的平均水平作出估计. 如果 X 和 Y 是独立的, 那么, 对 Y 的观察不会影响到 X, 从而, $H(X|Y) = H(X)$. 另一方面, 如果 $X = Y$(例如, 无错传递情形), 则 $H(X|Y) = 0$.

这样一来, 在用通信管道拍发信息的问题中, 量 $H(X|Y)$ 可解释为一个拍发值 (一个信号或在单位时间内) 在通信管道中的平均丢失的信息.

因此, 当随机变量 X 的值, 作为原始消息的编码, 沿通信管道传

递时, 很自然地, 取 $I(X;Y)=H(X)-H(X|Y)$ 作为所传递的信息的平均测度. 我们对消息的内容不感兴趣. 以比特度量信息的量, 而信息拍发或接收的速度以比特/符号或比特/单位时间来度量.

随机变量 X 可能取的一切值可以看作是一张字母表, 用它来为需要拍发的消息编码. 假定消息都是足够长的, 以致在问题中一般都能应用统计特征. 如我们在香农 – 法诺码的例子所看到的, 字母表的编制可以有不同的方式. 为传递消息而选择最优编码时, 应考虑所使用的通信管道的特性.

通信管道的通过能力 (7) 是通信管道的最大平均信息传递速度, 它是在拍发长篇消息文稿时可以达到的速度或可以任意逼近的速度, 当然, 这样的文稿是用适用于管道的字母表事先将消息精心译成的代码稿.

4.5. 抽象通信管道的通过能力的计算

我们用公式 (7) 定义抽象通信管道的通过能力. 刚才我们讨论了引进的概念的内容. 现在, 也就是最后, 我们再作一个具体的计算: 求最简单的例子中所讲的抽象通信管道的通过能力. 我们一般都是从这个例子开始整个抽象讨论的. 先来回忆问题的条件.

发报人通过通信管道向收报人发出信号 0 和 1, 而噪扰使收报人有时会把发出的信号 0 译成 1, 而把 1 译成 0. 设 p 是信号传递正确无误的概率.

消息 (电文、词) 通过通信管道传递出去, 它们是由我们的最简单的两个字母的字母表中的字母 —— 符号 0 和 1 的序列组成的. 我们认为, 通信管道对词的每个字母的作用是独立的, 亦即该管道是无记忆的.

这种通信管道有怎样的通过能力呢?

在这种情形, 转移概率矩阵简单至极, 不仅字母表只有两个字母, 而且, 两个传递的符号 0 和 1 有同样的无错通过概率. 于是, 管道入口处的随机变量 X 可以取两个值,设待发消息的编码中值 0, 1 出现的概

率分别为 p_0, p_1.

管道出口处的随机变量 Y 也只能取这两个值 0 和 1, 但可能有另外的出现概率 q_0 和 q_1. 让我们来求它们.

如果在入口处是 0 值, 在出口处得 0 值的概率为 p; 而如果在入口处是 1 值, 在出口处得 0 值的概率为 $1-p$. 在入口处 0 值以概率 p_0, 1 值以概率 p_1 出现的情形也一样. 这时, 在出口处出现 0 值的概率等于 $pp_0+(1-p)p_1$. 相应地, 1 在出口处出现的概率为 $pp_1+(1-p)p_0$.

相容随机变量 $Z=(X,Y)$ 的概率分布也容易表出: $(0,0)\sim pp_0$, $(0,1)\sim(1-p)p_1$, $(1,0)\sim(1-p)p_0$, $(1,1)\sim pp_1$.

现在可以完成熵 $H(X)$, $H(Y)$, $H(X,Y)$ 的计算并根据公式(9)的第二个等式求出信息传递速度. 在我们的情况下得

$$I(X;Y)=H(Y)-h(p),$$

这里 $h(p)=-p\log p-(1-p)\log(1-p)=H(X,Y)-H(X)=H(Y|X)$.

量 $I(X,Y)$ 的最大值当 $H(Y)=1$, 亦即出口处的分布是均匀的 $(q_0=q_1=\dfrac{1}{2})$ 时达到. 但是, 由于 $q_0=pp_0+(1-p)p_1$ 和 $q_1=pp_1+(1-p)p_0$, 所以, 条件 $q_0=q_1=\dfrac{1}{2}$ 成立等同于入口处的分布是均匀的: $p_0=p_1=\dfrac{1}{2}$.

(在这里我们利用了不难验证的结果; 依据对数函数的凸性, 如果离散随机变量 X 有 M 个不同的值, 则 $0\leqslant H(X)\leqslant\log M$; 而且, 左边的 "$\leqslant$" 成为 "$=$" 出现在 X 的分布退化时, 即它以概率 1 取某一个值, 取另一个值的概率为 0; 右边的 "$\leqslant$" 在均匀分布情况成为 "$=$".)

这样, 我们得到了: 具噪扰的最简单的通信管道的通过能力 $C=1-h(p)$. 这里 $h(p)=H(Y|X)$ 是丢失于传递系统中的信息 (也可参看 [16]).

例如 (参看 [15]), 设管道, 在物理上, 单位时间内能让 100 个二进制符号 0, 1 通过, 而且, 每个传出的符号变成相反状态的概率为 0.01, 在这种情况下, $h(p)=h(1-p)=h(0.01)\approx 0.0808$, 而 $C=100(1-0.0808)=91.92\approx 92$ (比特/单位时间).

请注意, 结果并不是 99!

有了上面积累起来的经验, 我们现在可以尝试着来独立地证明以下直观上很容易理解的香农定理.

定理 4.1　设有信息源 X, 它在单位时间内的熵等于 $H(X)$, 而通信管道的通过能力是 C. 那么, 如果 $H(X) > C$, 则无论怎样编码, 无延迟且无畸变地传递消息都是不可能的. 如果 $H(X) < C$, 则对足够长的消息, 存在这样的编码: 它使消息的传递不会受阻, 而且出错概率可任意接近于零.

专题三

经典热力学与接触几何学

引　言

“当今的热力学构成了一个优美的科学体系, 它的每一部分, 也都像整个体系一样, 是完美无缺的; 它无愧于经典热力学这个名字.” 伟大的洛伦兹在自己的《热力学的统计理论》中这样描述经典热力学 ([2]).

我们在这里将讨论热力学的几个数学方面的问题: 用微分形式的语言叙述热力学的两个定律 (第一章); 理清经典热力学与接触几何学的联系 (第二章); 最后, 附带介绍一些统计物理, 并简单介绍热力学中有关量子力学方面的问题.

第一章　经典热力学 (基本知识)

§1. 两个热力学定律

1.1. 能量和永动机

有谁不知道 "能量"、"能量守恒定律"、"永动机" 呢? 许多人甚至还听说过, 这样的发动机似乎是不可能的.

其实, 这 (经过某种改进以后) 就是热力学 (和科学世界观) 的两个基本定律中的第一个.

能量守恒定律与我们的现代认识密不可分. 人们甚至难以相信, 它以现在这种形式出现也只不过是 19 世纪后半叶的事 (迈耶、焦耳、克劳修斯、亥姆霍兹). 详见 [4] 等.

热力学第一定律最常见的表述是: 在自然界中不存在, 也不可能制造出这样的一种机器 (机械动力源、永动机), 其循环运转的唯一结果就是不断重复地完成机械功 (例如, 把 1 mg 的重物举高 1 mm).

1.2. 第二类永动机和熵

“众所周知, 热力学第二定律, 或卡诺 – 克劳修斯定律, 不仅在热力学一个学科中, 也在我们关于宇宙的一般知识中, 具有基本意义. 无论如何都可以说, 它主宰了大半个物理学.” 这也是洛伦兹在以上引言所提到的书 [2] 的序言中所说的.

热力学第二定律虽然不是什么秘密, 而且还有样式各异、实则彼此等价的更多表达方式, 但它却不像第一定律那样普遍为人所知. 最简单、似乎也最平淡无奇的一种表述 (克劳修斯表述) 是: 当物体相互接触时, 热量 (能量) 将从温度较高的物体传向温度较低的物体 (前者变冷, 后者变热), 而不会自发地传向相反的方向.

第二定律的另一种形式与第一定律的以上表述相呼应的, 它断言: 不存在第二类永动机, 亦即不存在这样循环工作的机器, 它的每个循环的唯一结果是把取自热库 (无穷大的热源) 的热能全部转化成机械能 (威廉 · 汤姆孙, 因科学上的贡献从 1892 年起被尊称为开尔文勋爵).

在这里, 我们不再更深入地探讨那些在热力学的任何一本好教材中都有明确叙述的细节, 仅就第二定律的历史作一点补充. 说来有些奇怪, 早在发现第一定律之前, 热力学的奠基人萨迪 · 卡诺就发现了第二定律 (1824 年). 当时, 他要回答詹姆斯 · 瓦特 (1765 年) 关于热机 (蒸汽机) 能有多高的效率的问题. (正值蒸汽机和发动机出现和推广的时期. 瓦特的提问完全是具体的: 为使这种机器完成给定的机械功, 需要多少煤?)

卡诺的工作 (曾被遗忘, 后来在 1834 年被克拉珀龙发现) 在 1850—1860 年为克劳修斯所发展, 他在 1865 年提出了热力学系统的**熵**的概念. 这是继热力学系统的能量概念之后的第二个基本概念.

在某种意义上可以说, 热力学系统的状态的两个基本特征量 —— **能量**和**熵**, 归根结底是由热力学的两个基本定律创造的.

由第二定律可以导出以下断言: 任何孤立的 (与系统外部没有任何相互作用的) 热力学系统总是向系统的熵增加的方向演化.

例如,从容器中释放出来的气体扩散到整个房间里,也就是从比较有组织的状态 (集中在容器中) 变到组织程度较小的状态 (比它自己突然重新集中到容器内有更大可能性的状态).①

在 19 世纪末 20 世纪初,一方面,产生了统计热力学 (麦克斯韦、玻尔兹曼、吉布斯、爱因斯坦),另一方面,开始了对经典热力学的数学形式的研究 (麦克斯韦、吉布斯、普朗克、卡拉泰奥多里).

§2. 两个热力学定律的数学表述

每门科学都有自己喜欢的"玩具". 对于热力学,它就是气缸中在活塞作用下的气体. 活塞可以移动,使气体的体积发生变化. 气缸壁能导热,或相反地,能阻止气体与外部介质发生热交换.

萨迪 · 卡诺在纸上摆弄这个装置 (它既是蒸汽机,也是现代内燃机的主要部件),进行了物理学中最早的一次天才 (且不昂贵) 的思想实验. 移动活塞,加热,而在需要时又要使气缸冷却或绝热. 他构想出一个循环,现在称 (经克拉珀龙作过一些改变的) 这个循环为卡诺循环. 卡诺找到了瓦特提出的关于蒸汽机能达到的热效率问题的答案. 与此同时,他有了一个伟大的发现,这个发现后来 (经克劳修斯修改) 成为热力学第二定律. (实际上,在卡诺的论述中也包含了第一定律的思想.)

让我们也玩一把卡诺循环,这既能帮助我们采用好的数学方法,也能帮助我们在以后进行抽象讨论时不至于丧失实际的物理内涵.

经典的克拉珀龙定律断言,刻画气体热力学平衡状态的三个变量,即体积 V,压强 P 和温度 T,满足如下关系 (叫做状态方程):

$$\frac{PV}{T} = C,$$

其中的常数 C 只与气体量有关,参看 [7, 8a].

①佐默费尔德在 [6] 中强调了第二定律的作用,他援引罗伯特 · 埃姆登的话说:"在自然过程的庞大工厂中,熵原理上是经理,规定所有交易的种类和过程. 而能量守恒定律只起会计的作用,掌握借与贷的平衡."

如果给活塞加压, 少许地改变气体体积 (之所以要 "少许地", 为的是不使气体偏离平衡状态), 记改变量为 $\mathrm{d}V$ (注意, 当气体被压缩时, $\mathrm{d}V$ 是负的), 那么, 我们对气体做的功是 $-P\,\mathrm{d}V$. 这个功的一部分变成了气体内能的增加量 (如同压缩弹簧的情形), 记作 $\mathrm{d}E$; 而另一部分化作热量, 经气缸壁进入外部介质中, 记这些热量为 $-\delta Q$ (以 δQ 表示从外部进入气缸内气体的热量). 如果气缸是绝热的, 亦即它不导热, 它与外部介质没有热交换, 将不会有热量的耗损 ($\delta Q = 0$), 则气体内能 E 的增加恰为我们所做的功: $\mathrm{d}E = -P\,\mathrm{d}V$. 自然可以认为, 这时气体本身做的功为 $\delta W = P\,\mathrm{d}V$ (例如, 如果气体将活塞往外推动, 体积增加 $\mathrm{d}V > 0$, 那么, 它所做的功显然是 $\delta W = P\,\mathrm{d}V$)①.

在一般情况下, 能量平衡关系是

$$\delta Q = \mathrm{d}E + \delta W. \tag{1}$$

我们将会发现一件事, 也是极为重要的一件事, 那就是, 与 $\mathrm{d}E$ 不同, δQ 和 δW 并不是恰当微分形式, 亦即不是某函数的微分. 例如, 当改变气体的体积使之加倍时, 应做的功不仅依赖于体积的初值和终值, 还依赖于同时出现的与外部介质的全部热交换量. 这两个量特别依赖于从一个热力学状态到另一个热力学状态的过渡条件. 例如, 如果这个过程是绝热的, 那么, 根本不存在热交换. 在这种过程中 (沿这种过渡路径), 形式 δQ 的积分等于零. 而在气缸壁导热的情况下, 沿连接这两个热力学状态的另外的路径所作的形式 δQ 的积分, 通常是不等于零的. 显然, 对于功形式 δW, 情况自然也是如此. 正是这种原因, 我们在基本等式 (1) 中使用了不同的微分记号.

这一切暂时只是就事论事地说了说, 还没有讨论, 也没有作精确表述. 这样做的目的在于唤起读者对热力学中那些最一般知识的记忆, 它们是我们下面将要介绍的热力学形式化定义的依据.

---

①译者注: 为了便于读者理解, 本段译文对原文作了少许改动.

2.1. 热交换的微分形式

科学中的阶段性飞跃常常是用有趣而独特的方法实现的, 这在那些高度抽象的领域 (如理论物理和数学) 中, 表现得尤为明显.

设想有一个沙漏计时器, 为了使它能正常地工作, 必须不停地把它翻过来倒过去.

在数学中也是这样. 首先收集到许多新鲜有趣的事实, 从中找出从某方面来讲核心的、关键的、能够把原有事实联系起来的东西, 并把这些东西当做具有颠覆性且涵盖了数学乃至宇宙中更大范围事实的初始原理 (例如把定理当做公理), 以便在此基础上继续发展.

例如, 牛顿定律不是在一片空地上建立起来的 (想一想开普勒和伽利略, 或者被烧毁的亚历山大图书馆, 据说那里所收藏的手稿还包括太阳中心说和开普勒定律以及许多现代数学的基础内容). 牛顿定律推广了大量实验材料. 以牛顿定律为基础, 我们能得到许多结果. 物理学后来的发展产生了新的、更为专门的一些力学变分原理, 它们描述更多非中心力的现象和相互作用.

如果可以这样说的话, 科学理论的范围在这些变革时期发生了变化: 基本原理被替代并且数量更少, 但是它们所涵盖和关联的对象和现象的范围却扩大了.

从 19 世纪末到 20 世纪初这段时间内, 热力学的丰富材料, 在麦克斯韦、吉布斯、普朗克、卡拉泰奥多里, 以及其他学者、物理学家和数学家的著作中, 都数学化和系统化了. 随着这种形式化理论的充分发展, 基本原理、概念、原则、公理、定理不断产生, 它们概括了许多研究工作得到的大量成果.

我们现在就转入对沙漏计时器的这样一种变革.

假定, 热力学系统的平衡状态由参数组

$$(\tau, a_1, \cdots, a_n) =: (\tau, a)$$

确定, 这里的 $\tau > 0$ 起**绝对温度** T 的作用, 而 $a = (a_1, \cdots, a_n)$ 是**外参数组**, 它们如同上面 "作玩具用的" 气缸中活塞作用下的气体的体积, 是可以变化的.

在我们的数学模型中, 热力学系统本身等同于基本的微分形式

$$\omega := \mathrm{d}E + \sum_{i=1}^{n} A_i \, \mathrm{d}a_i, \tag{2}$$

它叫做**热交换形式**或**热流形式**. 在这里 (根据定义) E 是**系统的内能**, 而 A_i 是与坐标 a_i 的改变量相应的**广义力** (亦即, $\sum\limits_{i=1}^{n} A_i \, \mathrm{d}a_i$ 对应于系统在外参数变化时所做的功 δW, 而形式 ω 本身对应于等式 (1) 中热交换的微分表达式 δQ). 量 E 和 A_i 自然依赖于 $(\tau, a_1, \cdots, a_n)$. 热力学系统的定义包含这些依赖关系, 在形式上正是它们组成了这个定义. 关系式 $A_i = f_i(\tau, a_1, \cdots, a_n)$ 叫做**状态方程**.

形式 ω, 作为热力学系统的定义, 应当满足下一小节讲的要求.

2.2. 用微分形式语言表示的两个热力学定律

我们来研究平衡状态空间 (τ, a) 中的定向路径 γ, 它对应于系统从一个平衡状态 (τ_0, a_0) 过渡到另一个平衡状态 (τ_1, a_1). 这时, 积分

$$\int_\gamma \omega = \int_\gamma \delta Q, \qquad \int_\gamma \sum_{i=1}^{n} A_i \, \mathrm{d}a_i = \int_\gamma \delta W$$

分别给出系统所得到的热量以及在这个过程中系统所做的功, 而 $\mathrm{d}E$ (见 (1) 和 (2)) 的积分将给出系统的内能的增加量.

由卡诺发现的热力学第二定律, 在克劳修斯的著作中归结为: 对于平衡状态空间中的闭曲线 γ 成立一个绝妙的等式:

$$\int_\gamma \frac{\delta Q}{T} = 0,$$

其中, T 是绝对温度. 这个等式表明, 微分形式 $\dfrac{\delta Q}{T}$ 是恰当的, 亦即它

是系统的某一状态函数 S 的微分. 克劳修斯就是把这个状态函数叫做系统的热力学状态的**熵**. 熵的定义暂时只精确到允许相差一个任意的可加常数. 然而, 当考察系统从一个状态到另一个状态的转变时, 需要的常常只是这个函数在这两个状态之值的差. 因此, 在这种情况下, 上述可加常数就不会起任何作用. (但是, 有理由认为, 当 $T=0$ 时系统在一切状态的熵是相同的. 这就是能斯特定理, 或通常说的热力学第三定律. 据此, 当 $T=0$ 时取 $S=0$. 对于这个问题以及许多其他的问题, 我们在这里都不去讨论. 参看 106, 112 页.) 这样, 绝对温度 T 作为热力学系统的状态函数, 其特别引人注目之处在于, T^{-1} 是热交换微分形式 δQ 的积分因子, 它使 δQ 变成恰当微分形式 —— 系统的熵函数 S 的微分.

总之, 我们认为, 在数学模型中, 定义一个热力学系统的形式 ω 要求**形式** $\tau^{-1}\omega$ **是恰当的**. 满足 $dS=\tau^{-1}\omega$ 的函数 S 自然称为系统的**熵**.

现在来考察绝热过程. 这是平衡状态空间 (τ,a) 中沿微分形式 ω 的零空间 $(\ker\omega)$ 的一条路径. (在原来的记号下, 这归结为 $\delta Q|_\gamma=0$, 亦即不存在系统与外部介质的热交换.)

因此,

$$\int_\gamma \omega=\int_\gamma \mathrm{d}E+\int_\gamma\sum_{i=1}^{n}A_i\,\mathrm{d}a_i=E_1-E_0+\int_\gamma\sum_{i=1}^{n}A_i\,\mathrm{d}a_i=0, \tag{3}$$

这就是机械能守恒定律, 即热力学第一定律.

这样, 由于热力学系统的数学模型是由微分形式 (2) 定义的, 热力学第一定律也就变成了 "在温度 τ 取常值的情形下, 功形式 $\sum\limits_{i=1}^{n}A_i\,\mathrm{d}a_i$ 是封闭的" 这样一个要求. (根据庞加莱引理, 它在参数 a 的任何单连通区域内也是恰当的. 因此, 恒温条件下, 在这种参数域运行的任何力学机械, 其工作循环都不可能成为机械动力源 —— 永动机.) 这样, 热力学系统的最简单的数学模型就规定好了.

对形式 (2) 进行微分, 并注意以上所说, 得到

$$\mathrm{d}\omega = \mathrm{d}\sum_{i=1}^{n} A_i\,\mathrm{d}a_i = \sum_{i=1}^{n} \frac{\partial A_i}{\partial \tau}\,\mathrm{d}\tau \wedge \mathrm{d}a_i. \tag{4}$$

我们记得 $\omega = \tau\,\mathrm{d}S$, 所以, 从公式 (4) 得

$$\frac{\partial A_i}{\partial \tau} = \frac{\partial S}{\partial a_i}, \qquad i = 1, \cdots, n. \tag{5}$$

2.3.　没有热的热力学

读中学时, 我们就已经知道, 不存在什么特别的热质, 热就是能量, 热功当量使我们可以不用卡路里, 等等. 在知道了这一切之后, 从形式逻辑的观点, 自然要建立一个在形式上没有多余概念的理论. 但是现在, 基本关系式 (1) 左边的热是多余的概念, 它不是独立的.

因此, 当把经典热力学进一步形式化时, 可以放弃热量概念本身 (可参看[11a]), 尽管这乍一看有些离奇.

正是关系式 (1) 右边的部分, 也只有它, 确定了公式 (2) 中微分形式 ω 的原始数学结构. 与关系式 (1) 不同, 公式 (2) 不是一个等式, 而是形式 ω 的定义. 这个形式是用系统的能量和功表示的, 即只是用能量术语就可以表示出来.

现在根据定义, 就可以把这个形式沿路径的积分叫做系统经历上述热力学状态变化后从外部介质得到的**热流**或**热**.

2.4.　绝热过程和卡拉泰奥多里公理

在建立这样的理论时, 与外部介质没有热交换的**绝热过程**有特殊的作用. 正如我们在推导等式 (3) 时已经指出的那样, 过程绝热等价于: 过程在状态空间中的路径 γ, 在其每一个给定点都与微分形式 ω 的核 $\ker\omega$ 相切. 换言之, 运动速度向量永远位于相应的空间 $\ker\omega$ 中.

我们记得 $\omega = \tau\,\mathrm{d}S$, 由此可以断言, 平衡的绝热过程是在熵的值不变化的情况下发生的. 路径 γ 处在函数 S 的等值面上. 此外, 核 $\ker\omega$ 的分布本身与熵的等值面相切.

因此，仅仅经过平衡状态，不可能绝热地从系统的一个热力学状态过渡到另一个具有不同的熵的状态.

卡拉泰奥多里在自己的经典热力学公理系统中 [11a] 把这个结果看成是与热力学第二定律等价的公理，就是说，他在引进形式 (2) 的同时，用下述物理学家比较熟悉的表述替代了上面的数学表达：**在系统的平衡热力学状态的任何邻域中，都有不可能经过绝热过程达到的另一个平衡状态.**①

此后，数学就登场了，它导出了上面所讲的结果. 这是几何味道很浓的数学，它本身的有趣之处是那些由它提出并解决的问题. 我们将在下一章介绍这些内容.

在这里我们仅仅补充一点物理学家已知而一些数学家 (当然不是卡拉泰奥多里那样的数学家) 可能不知道的东西. 热力学状态之间很慢的平衡绝热过程实际上是等熵且可逆的. 但是，平衡状态之间的非平衡过渡也可以是没有热交换的. 例如，设气体充满用隔板隔出来的半个绝热容器 (热水瓶). 如果你抽掉隔板，气体就会充满整个容器. 经过某一段时间，气体静止下来，到达一个新的平衡状态. 可以证明，气体在这个状态的熵大于它原来仅充满一半容器时的熵.

现在来计算理想单原子气体的熵. 我们记得中学学过的克拉珀龙 (克拉珀龙 – 门捷列夫) 定律

$$P = \frac{n}{N}\frac{RT}{V} = nk\frac{T}{V},$$

其中 P 是气体的压强，V 是体积，T 是绝对温度；R 是气体常数，N 是阿伏伽德罗常数，n 是气体的分子数，$k = \dfrac{R}{N}$ 是玻尔兹曼常数.

我们还知道，气体分子的平均动能等于 $\dfrac{3}{2}kT$，因此全部气体的内能等于 $\dfrac{3}{2}nkT$，从而 $T = \left(\dfrac{3}{2}nk\right)^{-1}E$.

① 如果这个假定不成立，则几乎可以直接构造出第二类永动机.

现在, 注意到 $\delta Q = \mathrm{d}E + P\,\mathrm{d}V$ 以及 $\mathrm{d}S = \dfrac{\delta Q}{T}$, 我们求出

$$\mathrm{d}S = \left(\frac{3}{2}nk\right)\frac{\mathrm{d}E}{E} + nk\frac{\mathrm{d}V}{V},$$

由此, 不计可加常数, 得到

$$S = nk\ln(VE^{\frac{3}{2}}) = k\ln(V^nE^{\frac{3}{2}n}).$$

特别地, 如果气体内能不变, 而气体的体积变成原来的两倍, 那么, 气体新状态的熵将扩大到原来的 $nk\ln 2$ 倍.

有趣的是, 如果没有热交换, 即使容许破坏过程所经历的中间状态的平衡性, 返回初始状态也是不可能的.

这样一来, 卡拉泰奥多里公理可能也适用于无热交换的非平衡过程. 顺便指出, 如果没有这条公理, 看来甚至不可能给出平衡热力学的足够完整的合理描述 (参看, 例如, [116]).

第二章　热力学和接触几何

---

§1. 接触分布

1.1. 绝热过程和接触分布

前面引进的卡拉泰奥多里公理指出了一条关于热力学状态间的绝热过程的物理规律.

我们将给出它的完整数学表述, 深入分析它提出了怎样的数学问题和导出了什么结论.

设我们有由第一章公式 (2) 定义的微分 1-形式 ω.

在热力学系统的状态空间的每个切空间中, 都有超平面 $\ker\omega$, 在这个超平面上 ω 等于零. 这些切超平面 $\ker\omega$, 也就是形式 ω 的核, 分布在整个状态空间 M 上. 我们用记号 H 表示这个**分布**. 这样产生的对 (M, H) 叫做带切超平面分布的空间. 我们称 M 中的路径 γ 是**容许的**, 如果它在自己的每一点都与分布 H 中的相应切超平面相切.

问题: 空间 M 中的任意两个点都能用容许路径连接吗? (设 M 是连通的光滑流形.)

卡拉泰奥多里公理断言, 适合热力学的形式 ω 满足条件: 在空间 M 的任何点的邻域内都有从该点出发的任何容许路径都无法到达的点.

1.2. 形式化

暂时把热力学放到一边, 只考虑上面提出的纯数学概念、结构、对象和问题.

设 M 是连通的 n 维光滑流形, H 是 M 上的 ($(n-1)$ 维) 切超平面分布.

分布 H 中的平面常叫做**水平平面**, 沿着它们延伸的**容许**路径常叫做**水平路径**或**积分路径**.

例如, 如果一个微分同胚群, 传递且自由地 (亦即没有不动点) 作用在 M 上, 那么, 借助这个群中的变换, 把一点处的切超平面推到 M 的每个点处, 就能得到一个分布 H.

如上所见, M 上处处不退化为零的任一微分 1-形式 ω, 在 M 上生成一个分布 $H = \{\ker\omega\}$.

§2. 分布的可积性

2.1. 弗罗贝尼乌斯定理

M 上的分布叫做**可积的**, 如果它有积分曲面, 亦即存在这样的子流形: 在其每一点分布 H 中相应的平面是这个子流形的切平面.

例如, 如果分布 H 是一维的, 准确地说, 就是当 H 为一个向量场时, 那么根据微分方程的解的存在性定理, 它是可积的 (通过每个点都有积分曲线).

在一般情况下, 众所周知, 结论并非如此简单. 例如, $H = \{\ker\omega\}$, 其中的 $\omega = y\,\mathrm{d}x + \mathrm{d}z$ 是 $\mathbb{R}^3$ 中的微分形式(对应于 (x, y) 坐标平面中的每条闭围线, 有它在 $\mathbb{R}^3$ 中的一条非闭积分曲线, 这是一条 "螺旋线", 其螺距等于闭围线所包围的 (x, y) 坐标平面中的图形的面积). 由非退化光滑微分 1-形式 ω 产生的切超平面分布 $H=\{\ker\omega\}$, 仅当在相应的平面 $\ker\omega$ 上 $\mathrm{d}\omega=0$ 成立时, 是可积的.

这个条件等价于 $\mathbb{R}^3$ 中分布 $H=\{\ker\omega\}$ 的如下弗罗贝尼乌斯可积性条件:

$$\omega\wedge\mathrm{d}\omega=0.$$

n 维流形上的 k 维平面分布 H 可以用 $(n-k)$ 个无关的光滑微分 1-形式 $\omega_1,\cdots,\omega_{n-k}$ 都等于零的形式给出, 亦即, 这个分布中的 k 维平面是由超平面 $\ker\omega_1,\cdots,\ker\omega_{n-k}$ 的交得到的. 对于 n 维流形上这样表示的 k 维平面分布 H, 其可积性准则是[①]: 对每个形式 ω_i, 在分布 H 的平面上 $\mathrm{d}\omega_i=0$ 成立. 这等价于以下条件成立 (参看, 例如 [4]):

$$\omega_1\wedge\cdots\wedge\omega_{n-k}\wedge\mathrm{d}\omega_i=0,\qquad 1\leqslant i\leqslant n-k.$$

2.2. 可积性、可连接性、可控性

现在回到用容许路径连接空间中不同的点的问题. 这个问题也出现在控制论中, 在那里, “可连接性” 这个词将以术语 “可控性” 代替.

在我们这里, 这个问题是从热力学、绝热过程和克劳修斯公理的研究中产生的.

这个问题与相应超平面分布 H 的可积性问题密切相关, 亦即, 可积性与可连接性是互补的: 可积性就是不可连接性, 可连接性就是不可积性.

事实上, 如果超平面分布 H 可积, 则任何与其接触的容许路径都不可能离开该分布的积分曲面. 因此, 任意一点的邻域内都有用容许路径不能达到的流形上的点.

卡拉泰奥多里证明了, 下述逆命题对于超平面分布也是局部成立的: 不可连接性就是可积性 [11a].[②]

---

①译者注: 亦可参看: 陈省身, 陈维桓. 微分几何讲义. 北京: 北京大学出版社, 1983, 第一章定理 4.4 和第三章定理 2.4.

②译者注: 此处的 [11a] 应是专题三第一章的参考文献 [11a].

(此后证明了: 给出分布 $\ker\omega$ 的形式 ω, 局部地有积分因子, $\tau^{-1}\omega = \mathrm{d}S$, S 是熵而且满足热力学第二定律.)

用分布的容许路径连接空间中不同点的可能性问题是一个很有意义的问题. 看来, 正是卡拉泰奥多里的工作的数学内容, 吸引了像拉舍夫斯基那样的对物理学有兴趣的几何学家, 对这个问题进行一般研究.

以李括号表述的第一个一般结果是拉舍夫斯基在工作 [5] 中得到的, 但是, 常听到人们把它叫做周定理 (参看 [6, 7]), 知道的人称它是"拉舍夫斯基 – 周定理". 对这个问题的研究、推广, 以及与控制论有关方面的结合, 一直持续至今, 可参看 [7, 8].

下面我们来用李括号术语叙述可积性条件和可连接性条件 (可参看 [9~11]).

设 $e_1, \cdots, e_k$ 是流形 M 上在每一个点都线性无关的 k 个向量场, 它们产生一个由 k 维切平面族作成的分布 H.

分布 H 可积的充要条件是: 生成这个分布的场的李括号 $[e_i, e_j]$ 不会落在分布的平面外.

为使"流形上任意两点都能用分布 H 的容许路径连接"这个断言局部地 (对于连通的流形可以是"整体地") 成立, 只需原场 $e_1, \cdots, e_k$ 的括号重复迭代 $[[e_i, e_j], \cdots]$ 在流形的每一点都能生成流形的切平面的基.

这些叙述以及弗罗贝尼乌斯条件都涉及微分形式运算的一些已知关系式. (一般说来, 微分形式语言与向量场语言是对偶的.) 如果 X 和 Y 是流形上的光滑向量场, 而 ω 是 1-形式, 则

$$\mathrm{d}\omega(X, Y) = X\omega(Y) - Y\omega(X) - \omega([X, Y]),$$

这里 $X\omega(Y)$ 和 $Y\omega(X)$ 分别是函数 $\omega(Y)$ 和 $\omega(X)$ 沿着场 X 和 Y 的李导数, 而 $[X, Y]$ 是向量场 X 和 Y 的括号 (换位子).

一般地, 对于 m 阶形式 ω, 我们有

$$\mathrm{d}\omega(\xi_1,\xi_{n+1}) = \sum_{i=1}^{m+1}(-1)^{i+1}\xi_i\omega(\xi_1,\cdots,\widehat{\xi_i},\cdots,\xi_{m+1})+\\ \sum_{1\leqslant i<j\leqslant m+1}(-1)^{i+j}\omega([\xi_i,\xi_j],\xi_1,\cdots,\widehat{\xi_i},\widehat{\xi_j},\cdots,\xi_{m+1}),$$

这里记号 "^" 表示被删除的项, $[\xi_i,\xi_j]$ 是场 ξ_i 和 ξ_j 的李括号, 而 $\xi_j\omega$ 是 $\omega(\xi_1,\cdots,\widehat{\xi_j},\cdots,\xi_{m+1})$ 关于场 ξ_j 的导数.

2.3. 卡诺 – 卡拉泰奥多里度量

设 M 是具度量 g 的黎曼流形. 设 H 是 M 中的分布, 且 M 中任意两点都能用 H 的容许曲线连接.

这时, 在 M 中 (准确地说, 在 (M,g,H) 中) 可以引进一个新的度量, 使两点间的距离等于连接它们的容许曲线段长度的下确界.

这个度量叫做 (看来, 是从 M. 格罗莫夫开始的) 卡诺 – 卡拉泰奥多里度量或 CC 度量.

这个度量是在出现三联形式 (M,g,H) 的情况下产生的, 而且很有用. 例如, 在复空间中, 非平凡超曲面 (例如, 超球面) 的复切平面就组成一个不可积的接触分布.

作如下回顾是有益的. 根据达布定理, 任意**接触形式** (亦即那样的光滑微分形式 ω, 它使形式 $\mathrm{d}\omega$ 在 $\ker\omega$ 上是非退化的), 利用光滑坐标变换, 都能局部地化成 $x_1\,\mathrm{d}y_1+\cdots+x_n\,\mathrm{d}y_n+\,\mathrm{d}z$ 的形式. 例如, 在 $\mathbb{R}^3$ 的情形, 我们得到形式 $x\,\mathrm{d}y+\,\mathrm{d}z$.

我们发现, 在这里沿平行于 x 轴的直线的运动是容许的. 在平面 $x=c$ 上沿倾斜直线运动是容许的, 倾斜度线性地依赖于 c. 为使空间 $\mathbb{R}^3$ 中任意两点都能用分布

$$H=\{\ker(x\,\mathrm{d}y+\,\mathrm{d}z)\}$$

的容许路径连接起来, 这些条件也是充分的.

当然, 为验证由接触形式 $x\,\mathrm{d}y + \mathrm{d}z$ 生成的分布是不可积的, 只要引用弗罗贝尼乌斯条件即可.

关于接触结构, 可以参看, 例如, [10~13].

2.4. 吉布斯接触形式

对于第一章的形式 (2), 我们已经知道了与热力学第二定律相当的基本关系式 $\omega = \tau\,\mathrm{d}S$. 这里 ω 的含义是热交换形式, τ 是绝对温度, 而 S 是熵.

遵循吉布斯的做法, 考察形式

$$\Omega = -\tau\,\mathrm{d}S + \sum_{i=1}^{n} A_i\,\mathrm{d}a_i + \mathrm{d}E,$$

或者, 跟吉布斯一样, 考察具体形式

$$\Omega = -T\,\mathrm{d}S + P\,\mathrm{d}V + \mathrm{d}E,$$

它具有经典热力学惯用的参数: T, S, P, V 和 E 分别是气体 (液体或其他的热力学系统) 的绝对温度、熵、压强、体积和内能.

第一章中表示能量平衡的基本关系式 (1), 即 $\delta Q = T\,\mathrm{d}S$, 告诉我们, 平衡的热力学过程 (不一定绝热) 是这样进行的: 在这个过程中 $\Omega = 0$, 亦即, 这种过程是沿着参数 (T, S, P, V, E) 的空间 $\mathbb{R}^5$ 中的分布 $\{\ker\Omega\}$ 进行的. 但这不是状态 (τ, a) 或 (T, V) 或 (S, V) 等的空间 M.

事实上, 这里的自由参数只有两个, 实际的平衡过程是在由 $\mathbb{R}^5$ 中的形式 Ω 确定的**接触结构的勒让德曲面** (维数最大的积分子流形 M) 上进行的. 这是吉布斯的一个基本的几何命题.

在一般情况下,

$$\Omega = -\tau\,\mathrm{d}S + \sum_{i=1}^{n} A_i\,\mathrm{d}a_i + \mathrm{d}E,$$

我们有 $2n+3$ 个变量 $(E, S, A_1, \cdots, A_n, \tau, a_1, \cdots, a_n)$, 而系统的状态仅由变量 $(\tau, a_1, \cdots, a_n)$ (或与它们等价的一组 $n+1$ 个自变量) 确定. 因

此, 在一般情形下, 平衡热力学过程是沿由 $\mathbb{R}^{2n+3}$ 中的 (接触) 形式 Ω 生成的超曲面分布 $H=\{\ker\Omega\}$ 的 $(n+1)$ 维勒让德流形 (维数最大的积分流形) 进行的.

2.5. 注释

在本章末尾, 我们提醒读者, 这里所讲的只是有关经典热力学的一个具体几何问题, 当然, 我们也谈到了用现代数学语言陈述热力学第二定律这个一般的问题.

还有源于经典热力学的其他的现代数学研究方向, 例如将熵的概念形式化 (公理化) [14] 的尝试, 以及与基本热力学函数 (热力学势) 有关的一些系统化方法和推广 [15].

但毕竟还是吉布斯开创研究的热力学中那些基本的、物理内涵丰富的数学问题 [1a, 1b] 与接触几何的联系最密切. 这个方面的材料, 可查阅吉布斯 150 周年诞辰纪念会议的论文集 [2]. 这个会议是在吉布斯执教的耶鲁大学举行的.

我只引用论文集中阿诺尔德的文章 [3] 中的一句话 (我把它译成了俄文): "我认为, 吉布斯是第一位理解接触结构对于物理学和热力学的意义的人."

毫无疑问, 在吉布斯的著作 [1a] 面世的 1873 年以前, 基本的热力学等式

$$\mathrm{d}E = T\,\mathrm{d}S - P\,\mathrm{d}V$$

已经成为建立热力学的标准基础. 此前, 克劳修斯在 1850 年提出了热力学第二定律, 在 1854 年从概念上定义了熵并于 1865 年引入了这个术语. 但是, 即使是克劳修斯本人, 也从来没有在叙述热力学时把熵放在重要地位. 对于克劳修斯和他同时代的人来说, 热力学就是研究热与功的相互联系.

吉布斯首先把热和功从热力学基础中清除出去, 他更重视的是能和熵这两个热力学状态函数.

热力学变成了平衡热力学状态下物质性质的理论. 吉布斯特别证明了, 为使同一物质的两相 1 和 2 平衡, 只有温度相等和压强相等是不够的, 还需要两相的能量、熵和体积满足关系 $E_2 - E_1 = T(S_2 - S_1) - P(V_2 - V_1)$, 而且, 孤立热力学系统的平衡状态, 当且仅当它的熵达到局部极大时才是稳定的.

吉布斯曾致力于寻找一般的图解 (几何) 方法, 以便能整体地 (包括所有的相) 刻画出介质的热力学性质.

1873 年, 吉布斯引进了一个著名的基本曲面 $E = E(S, V)$, 该曲面把热力学系统的能量 E 与它的熵和体积 V 联系起来. 他指出了这个曲面的切平面的特点与多相共存及临界点的关系.

这项工作令麦克斯韦叹服, 并激励他去构造了这个曲面的著名的麦克斯韦模型.

吉布斯证明了, $E(S, V)$ 是母函数 (特征函数), 它的值决定了系统的所有热力学性质.

人们发现, 与拉格朗日的《分析力学》是 18 世纪科学的顶峰一样, 在相当大的程度上, 吉布斯 1876, 1878 年的学术论文集《论多相物质的平衡》[1c] 已是 19 世纪经典自然科学的顶峰.

第三章　经典热力学和统计热力学

§1. 动理学理论

统计物理学的原始思想就是从力学导出热力学.

"解决这个问题的第一个成功的方法归功于奥地利物理学家玻尔兹曼, 他以清晰明白的方式建立了概率论概念和包括熵在内的热力学函数之间的联系. 作为这个理论物理学崭新分支的奠基人之一, 必须承认, 威拉德 · 吉布斯是与其齐名的. 其次, 还应注意的是庞加莱、普朗克和爱因斯坦的工作." (洛伦兹, 1915 年, [5].)

1.1. 分子与压强

气体动理学理论起源于丹尼尔 · 伯努利, 在他的《流体力学》(斯特拉斯堡, 1738 年) 一书中已经根据气体分子与容器壁碰撞时的动量变化引入了压强. 丹尼尔 · 伯努利和约翰 · 伯努利甚至因这方面研究在 1766 年获得巴黎科学院奖金.

19 世纪下半叶至 20 世纪初, 动理学理论和热力学才得到进一步的大发展, 这与克劳修斯、麦克斯韦、玻尔兹曼、吉布斯、庞加莱、爱因斯坦的名字紧密相连.

1.2. 麦克斯韦分布

对于气体分子, 由于它们的无数次的相互碰撞和动量的重新分配, 最朴素的假设似乎是, 它们有近乎相同的速度 (动能). 然而, 麦克斯韦的发现 (1866 年) 使人为之一振. 他用很简单的方法证明了, 理想气体分子速度在任何方向上的投影都是正态分布的. 相应地, 也就产生了关于分子动能的经典麦克斯韦分布.

1.3. 玻尔兹曼定义的熵

玻尔兹曼于 1868—1871 年发展了麦克斯韦的结果, 并证明了, 在外力场 (例如, 重力场) 作用下理想气体粒子能量的平衡分布由分布函数 $\exp(-E/kT)$ 确定, 其中 E 是粒子的动能与势能之和, T 是绝对温度, k 是玻尔兹曼常数.

玻尔兹曼在 1872 年发现, 在熵 S 和应在一定意义下理解的热力学概率 Π 之间成立关系 $S = k\log\Pi$, 这叫做玻尔兹曼原理或玻尔兹曼公式. 这个公式给出了热力学第二定律的统计解释, 这种解释最终归结为: 热力学过程的趋势都是将系统从热力学概率较小的状态引导到热力学概率较大的状态, 也就是说, 系统是沿熵增加的方向变化的. 熵 S 的最大值条件所对应的就是平衡状态.

玻尔兹曼的主要功劳是他合理实现了把经典热力学解释为统计力学的思想, 参看 [1].

玻尔兹曼导出了气体的基本动理学方程, 它在一定条件下能确定气体作为力学系统的演化过程. 玻尔兹曼还得到了著名的 H-定理: 演化总是朝着熵增加的方向进行.

玻尔兹曼指出了用分布密度表示熵的表达式: $H = -\int \rho\log\rho$. 今天, 这个表达式已广为人知, 它连同记号 H (来自 $\eta\nu\tau\rho o\pi\iota\alpha$ = entropia 和希腊字母 η, H) 一起也被移植到其他领域中去, 例如, 变成了现代信息传递理论的基础概念. (与克劳修斯不同, 玻尔兹曼当初是用我们今天用来表示能量的字母 E 表示熵的. 现在, 我们按惯例用 S 表示熵, 留下符号 H, 用以表示哈密顿力学系统的哈密顿量.)

1.4. 吉布斯系综和力学的热力学化

吉布斯提出了为统计力学和热力学建立最一般和最严谨的数学基础的方案.

不苟言笑的佐默费尔德称吉布斯是 "伟大的热力学家和统计学家". 他最初在 1876 年和 1878 年发表在《康涅狄格州科学院学报》上的论文没有引起人们的注意, 1902 年以后却成为人所皆知的. 在这一年, 奥斯特瓦尔德将这些工作冠以《热力学研究》的名字用德文出版 ([17], 第 67 页).

吉布斯在去世的前一年发表了自己的《统计力学》, 这本书为后继者奠定了数学基础, 参看 [2].

正如我们已指出的那样, 吉布斯把热力学思想与哈密顿系统思想统一起来了. 他引进了统计物理学的优美数学结构 —— 带有概率测度的哈密顿系统, 它是系统的相空间中在哈密顿流作用下的演化系统.

这个模型已经成为动力系统理论中许多问题的源泉, 相关研究至今仍很活跃.

让我们作一个简要回顾. 吉布斯在哈密顿系统的相空间 Γ 中引进了状态概率的所谓**正则**分布. 这个分布的密度 ρ 是由系统的哈密顿量 (能量) $H = H(q,p)$ 定义的:

$$\rho := c\exp(-\beta H).$$

这里 $c = \left(\int_\Gamma \exp(-\beta H)\,\mathrm{d}q\,\mathrm{d}p\right)^{-1}$ 是归一化因子, 而在物理系统中 $\beta = 1/k\tau$, k 是玻尔兹曼常数, τ 是绝对温度.

(文献 [12] 的相当大的篇幅是在详细讨论正则分布, 并为它提供论据.)

相对于哈密顿流的作用, 正则分布是不变的, 因为测度和哈密顿量都不变.

哈密顿量可以依赖于参数 $a := (a_1, \cdots, a_n)$, 亦即 $H = H(q, p, a)$, 这可以是活塞位移和气体体积变化之类的外部作用参数.

特别地, 吉布斯提出了将哈密顿力学系统热力学化的极其漂亮而且自然的如下方法.

我们来考察平均能量

$$E(\beta, a) = \int_{\Gamma} H \rho \,\mathrm{d}q \,\mathrm{d}p$$

和相应于参数 $a_i\,(i = 1, \cdots, n)$ 的平均的约束反作用力

$$A_i = \int_{\Gamma} \frac{\partial H}{\partial a_i} \rho \,\mathrm{d}q \,\mathrm{d}p, \quad i = 1, \cdots, n.$$

最后这些关系式将被看成是状态方程 $A_i = f_i(\beta, a)$, $i = 1, \cdots, n$.

不难验证, 1-形式

$$\omega = \mathrm{d}E + \sum_{i=1}^{n} A_i \,\mathrm{d}a_i$$

满足作为公理的两个热力学定律.

1.5. 遍历性

前面已经说过, 统计物理学的原始思想是从力学导出热力学. 例如, 如果把容器中的气体看成是由大量的相互作用很弱且作无序运动的粒子组成的一个力学系统, 就可以求它的内能, 粒子的平均动能与气体温度的关系, 压强和熵.

这时, 经典热力学函数都能作为相应的统计平均值得到, 这种统计平均的出现源于对参数极多的力学系统中大量粒子分别作出的小贡献求和. 在这里, 概率的思想、大数定律、集聚原理就开始起作用了. 这是一种崭新的思想体系. 在以往的经典理论中, 根据热力学第二定律 (以及其他的许多原理), 人们断言, 系统自己不会往熵更小的状态过渡, 或者, 热量在任何时候都不会从较冷的物体传入较热的物体. 这被认为是一条绝对真理. 但在统计热力学中, 情况已经发生变化. 原则上, 房间

中的气体分子有可能集中到一个角落内, 只不过出现这种状态的概率以及这种状态存在的时间, 都小得微不足道而已. 实际上, 我们无法观察到这种状态.

有许多基本的问题提了出来. 例如, 我们观察和测量什么? 怎样观察? 怎样测量?

当我们要想象一个系统的所有可能的状态时, 可以追踪它随时间的演化, 或设想一个由一族系统构成的完整**系综**, 这些系统是我们的系统的拷贝, 它们是我们的系统在同一瞬间所有可能的状态.

从力学角度看, 这样的系综就是系统的相空间, 其中的每一个点表示系统的一个可能的具体状态. 系统的演化用相空间中动点的轨迹描述. 由点的运动产生的整个相空间的运动, 称为**相流** (这个名称非常贴切).

经典的刘维尔定理说, **哈密顿系统的相流保持相体积不变**, 也就是说, 相流就如同不可压缩流体的流动.

因此, 我们很自然地认为, 对于相空间中任意一个运动容许状态区域, 系统所处状态在此区域内的概率, 与该区域的体积成正比.

另一方面, 单个系统的整个演化过程是可以追踪的, 而且可以认为, 状态的概率正比于该状态存在的时间.

因此, 玻尔兹曼开始时甚至认为, 系统在自己的演化过程中将跑遍给定能量水平曲面上的所有可能的状态, 从而, 度量系统状态平均值与用统计法描述系统状态的两种方法是等价的. 但是, 这相当于说, 相轨迹能通过所说曲面上的所有点, 而这是不对的. 尽管如此, 怎样计量平均值这个原则问题本身依然存在. 它有几种表述方式, 都称为**玻尔兹曼遍历性假设**, 同时还引出一系列优美的数学定理, 使动力系统理论至今光彩依旧.

作为例子, 我们回顾一下伯克霍夫遍历定理 (1931).

设 V 是相空间的关于保测度 μ 的相流的不变部分, 而 f 是定义在 V 上的 μ-可测函数. 如果 V 的测度有限, 那么, 对于 μ-几乎处处的

点 $p \in V$, f 有沿过 p 的轨迹的时间平均 $\widetilde{f}(p)$; $\widetilde{f}$ 是 μ-可测函数, 它在 V 中的平均值 $\widetilde{A}$ 与函数 f 本身在 V 中的平均值 A 相等.

此外, 如果 V 关于这个相流还是度量不可分解的, 那么, $\widetilde{f}$ 是 μ-几乎处处常值函数 (亦即: 这时, 对于 μ-几乎处处的点 $p \in V$, f 在过 p 的轨迹上的时间平均是不依赖于 p 的常数, 且与函数 f 在 V 中的空间平均 A 相等).

(设空间 X 上有测度 μ, 而且这个测度关于作用在 X 上的一个流是不变的, 则称这个空间是关于这个流**度量不可分解的**, 而这个流是在 X 中**遍历**的, 如果 X 不能表示成关于流不变且有正测度的两个互不相交的子集 X_1 和 X_2 的并集.)

应当指出, 为了实现热力学的目标, 在一个固定的有限维空间上有多少关于动力学系统的个别遍历定理并不重要, 重要的大概是弄清楚当粒子个数以及相应的相空间维数无限增加时, 与极限过渡 (热力学极限) 相联系的平均值的逼近性质. 这方面, 甚至一些粗糙的知识, 都是有用的. 因此, 更加仔细地研究第二个专题中考察过的集聚原理的可能解释、表现方式、应用和发展, 是很有意义的.

1.6. 悖论、问题、困难

即使是一个很漂亮的理论, 常常也只是对某一范围内的现象有效的一个简化模型, 而这个范围的界限, 通常是在我们超越了它并碰到新的问题后才能搞清楚.

热力学的统计理论把热力学归结为力学, 并依据热力学第二定律预见到孤立系统是沿熵增加方向演化的. 对于这样的统计热力学理论, 第一块试金石是玻尔兹曼的老师提出的一个问题, 现在叫做洛施密特悖论 (1876). 它的叙述极其简单, 具体如下:

任何一个哈密顿力学系统都是时间反演的. 这样的系统怎么可能按确定方向引导演化过程? 如果时间方向改变了, 难道演化的方向也跟着改变?!

当年, 这个问题吸引了许多才智卓越的人参与讨论 (参看, 例如,

书 [1, 4] 和经典综述 [6]).

策梅洛也火上浇油 (策梅洛悖论, 1896 年. 这里说的是埃内斯特 · 策梅洛, 他以引起争议的策梅洛公理而在数学界闻名). 他根据庞加莱回归定理说: 分子不仅能, 而且一定会在某个时刻都集中到房间的一个角落里.

一般地, 在哈密顿力学系统的相空间中, 任意一点的任意一个邻域, 由于相流的作用而在空间的一个有界区域中来回移动, 它会无数次回转, 与自己的起始位置相交. (刘维尔定理告诉我们, 就像不可压缩流体的流动一样, 相流保持相体积不变. 如果还记得这个定理, 庞加莱在 1883 年所作的这个如此简单却如此重要的观察就几乎是显而易见了. 如果原始邻域每经过一段固定时间的映像全部是两两不相交的, 那么, 它们的总体积就会是无穷大. 而如果第 m 个和第 n 个映像相交 $(m < n)$, 则邻域的第 $(n - m)$ 个映像与邻域本身也相交.)

应当说: "直到 19 世纪末, 热的力学理论才度过困难的日子并最终得到科学的承认, 这首先应归功于马克斯 · 普朗克 1887—1892 年的工作" ([19], 第 236 页).

还要指出, 大科学家通常比其他人更好地了解自己的理论有怎样的优点和缺点, 而且, 这些优点和缺点常常都是由他们自己指出的. 例如, 关于经典热力学, 卡拉泰奥多里就说过如下一番话 (见卡拉泰奥多里的论文 [18a], 第 286 页. 顺便指出, 普朗克高度评价了这篇论文, 并激励他发表了后续工作的论文 [18b]):

"可以这样提出问题: 为了只利用那些直接测量到的量, 如物体的体积、压强和化学成分, 就能进行计算, 应当怎样建立唯象热力学呢? 这时所产生的理论, 在逻辑上应是无可争议的, 在数学上也是完备的, 因为它是从实际观察到的事实出发, 在最小数量假设的基础上建立起来的. 但是, 从研究者的角度看, 正是这个优点使它的用途较少. 这不仅因为其中的温度是作为导出量出现的, 更重要的原因还在于, 这个理论大厦的光滑墙壁不允许在看得见摸得着的物质世界与原子世界之间建立任何联系.”

这就让我们认识到统计热力学的必要性和重要性.

令人奇怪的是, 对原子论和物质分子构造论的第一个实际的支持, 是英国植物学家罗伯特 · 布朗在 1827 年发现的布朗运动. 布朗运动理论, 连同由它导出的在物理学中非常重要的结论, 其数学基础是爱因斯坦在他的 1905 奇迹年奠定的, 见著名论文 [3a] 和后继论文 [3b], 后者的题目已经是《关于布朗运动的理论》.

下面援引论文 [3a] 中最前面的两段话, 它们在许多方面都是有意义的, 而且具有示范作用.

“在这篇论文中将说明, 按照热的分子运动论①, 由于分子热运动的影响, 悬浮在液体中的微小物体应当发生运动, 其运动幅度应当能够轻而易举地在显微镜下观察到. 可能, 这里所讨论的运动就是所谓的布朗运动, 但我能获得的关于后者的资料很不精确, 以至于我无法对此形成明确的看法.

如果所研究的运动连同所期望的规律果真能够被实际观测到, 那么, 对于可用显微镜加以区别的空间区域, 就不能认为经典热力学仍然完全正确, 而这样一来, 精确测定原子的真实大小也就成为可能. 反之, 如果关于这种运动的预言无法得到证实, 这就将成为反对热的分子运动论的一个有力论据.”

([克劳修斯、麦克斯韦、玻尔兹曼、吉布斯已经意识到并坚持对热力学第二定律的统计解释. 但是, 他们的解释是以从分子存在性公设出发的思想实验为基础的. 只是在发现了布朗运动以后, 热力学第二定律才不再看成是一条绝对规律. 布朗粒子, 因分子的热运动而起伏不定, 清楚地向我们展示出一个第二类永动机. 因此, 在 19 世纪末, 对布朗运动的研究有巨大理论意义, 并吸引了包括爱因斯坦在内的许多理论物理学家.] 在 [19]②中就是这么说的.)

①译者注: 现在称为分子动理学理论, 简称分子动理论.

②正如玻尔所说, “不为争论, 只为揭示真理.” 上面援引的爱因斯坦那段话表明, 一切远非都那么简单.

爱因斯坦的关于布朗运动的工作, 后来成为诸多数学理论的肥沃土壤.

吉布斯也没有让后辈无事可做. 我们不讨论在现代意义下如何理解平衡状态 (作为不变测度) 以及向平衡状态演化的数学问题, 我们只提醒注意经典热力学中的**吉布斯悖论**, 它使对状态作量子解释成为不可回避的.

在水平柱形容器中央放置两个可移动半渗透隔膜 A 和 B: 容器左半部充满气体 a, 它可通过隔膜 A, 但不能通过隔膜 B; 容器右半部充满气体 b, 它可通过隔膜 B, 但不能通过 A. 如果将隔膜 A 逐渐向左移动到底, 则气体 a 仍停在其原来的位置, 而气体 b 扩散到整个容器, 它的状态的熵增加. 因此, 由这两种气体构成的系统的总熵, 即它们各自状态的熵之和, 也增加. 现在把同样的操作施于隔膜 B, 慢慢地把它向右移动到底, 气体 a 扩散到整个容器. 系统的熵还是增加至那个确定的值 ($k\ln 2$).

现在, 反复地做这个试验, 使气体的性质不断地接近. 在极限下, 我们将得到一种气体. 那时, 系统的初始状态和最终状态已无区别, 而它们的熵却是不同的?!

看来, 物理性质是不连续的?! 例如, 这可能与能量有关. 让我们按这种考虑尝试一下.

§2. 量子统计热力学 (三言两语)

2.1. 状态的计算和条件极值

在这里, 量子计算在某些方面甚至比古典算法更加简明. 下面将遵循薛定谔的做法介绍它们 [16].

考虑由 N 个相同系统构成的系综, 其中每个系统都有自己的编号, 并可处于编号为 $1, 2, \cdots, \ell, \cdots$ 的诸状态之一. 设 $\varepsilon_1 \leqslant \varepsilon_2 \leqslant \cdots \leqslant \varepsilon_\ell \leqslant \cdots$ 是各系统分别处于各自状态时的能量, 而 $a_1, a_2, \cdots, a_\ell, \cdots$ 分别是系综中处于状态 $1, 2, \cdots, \ell, \cdots$ 的系统的个数.

同一个数组 $a_1, a_2, \cdots, a_\ell, \cdots$ 可用多种方法实现, 准确地说, 总共有

$$P = \frac{N!}{a_1! a_2! \cdots a_\ell!}$$

种方法. 数组 $a_1, a_2, \cdots, a_\ell, \cdots$ 应满足条件

$$\sum_\ell a_\ell = N, \quad \sum_\ell \varepsilon_\ell a_\ell = E.$$

这里 E 是系综中所有系统的总能量.

我们将寻求在指定条件下的最大的 P 值, 它给出具有最大出现概率的数组 $a_1, a_2, \cdots, a_\ell, \cdots$.

(解释一下. 热力学感兴趣的是当 N 非常大的情形, 此时有集聚现象出现. 可以证明, 在我们的系综状态条件下, 所有可能的总数几乎与我们要推算的 P 的最大值是一样的. 因此我们实际上要寻求的是具最大出现概率的数组 $a_1, a_2, \cdots, a_\ell, \cdots$.)

当 n 的值很大时, 根据斯特林公式, 有 $n! \simeq \sqrt{2\pi n}\left(\frac{n}{\mathrm{e}}\right)^n$. 因此, 可以认为 $\log(n!) \approx n(\log n - 1)$ (这里 $\log = \ln$).

这时, 运用求条件极值的拉格朗日方法, 写出等式

$$\sum_\ell \log a_\ell \, \mathrm{d}a_\ell + \lambda \sum_\ell \mathrm{d}a_\ell + \mu \sum_\ell \varepsilon_\ell \, \mathrm{d}a_\ell = 0,$$

由此得到: 对任何 ℓ 成立等式

$$\log a_\ell + \lambda + \mu\varepsilon_\ell = 0 \quad 和 \quad a_\ell = \mathrm{e}^{-\lambda-\mu\varepsilon_\ell},$$

同时, λ 和 μ 要满足条件

$$\sum_\ell \mathrm{e}^{-\lambda-\mu\varepsilon_\ell} = N, \quad \sum_\ell \varepsilon_\ell \mathrm{e}^{-\lambda-\mu\varepsilon_l} = E.$$

以 $E/N = U$ 表示系综中平均一个系统所具有的平均能量, 可把上面

所得结果记作:

$$\frac{E}{N} = U = \frac{\sum_\ell \varepsilon_\ell \mathrm{e}^{-\mu\varepsilon_\ell}}{\sum_\ell \mathrm{e}^{-\mu\varepsilon_\ell}} = -\frac{\partial}{\partial\mu}\log\sum_\ell \mathrm{e}^{-\mu\varepsilon_\ell},$$

$$a_\ell = N\frac{\mathrm{e}^{-\mu\varepsilon_\ell}}{\sum_\ell \mathrm{e}^{-\mu\varepsilon_\ell}} = -\frac{N}{\mu}\frac{\partial}{\partial\varepsilon_\ell}\log\sum_\ell \mathrm{e}^{-\mu\varepsilon_\ell}.$$

关于量 μ 在热力学情况下的物理意义, 通过额外的研究, 将导出

$$\mu = \frac{1}{kT},$$

这里 k 是玻尔兹曼常数, 而 T 是绝对温度. 这样, 一个重要的量就出现了, 称它为**统计和**:

$$Z = \sum_\ell \mathrm{e}^{-\frac{\varepsilon_\ell}{kT}}.$$

现在可以得出在给定的系综温度下数组 $a_1, a_2, \cdots, a_\ell, \cdots$ 按能量水平的分布:

$$a_\ell = N\frac{\mathrm{e}^{-\frac{\varepsilon_\ell}{kT}}}{L}.$$

不计可加常数, 系统的熵具有形式:

$$S = k\log Z + \frac{U}{T} = k\log\sum_\ell \mathrm{e}^{-\frac{\varepsilon_\ell}{kT}} + \frac{1}{T}\frac{\sum_\ell \varepsilon_\ell \mathrm{e}^{-\frac{\varepsilon_\ell}{kT}}}{\sum_\ell \mathrm{e}^{-\frac{\varepsilon_\ell}{kT}}}.$$

其余的热力学函数 (热力学势) 也有类似的表达式.

出于兴趣, 我们作一个计算, 看看当 $T \to 0$ 时上面指出的熵是怎样变化的. 为使推演更具一般性, 设与最低能量水平对应的系统有 n 个可能状态, 即 $\varepsilon_1 = \varepsilon_2 = \cdots = \varepsilon_n$, 又设接下来的 m 个能量水平是一样的, 即 $\varepsilon_{n+1} = \varepsilon_{n+2} = \cdots = \varepsilon_{n+m}$.

这时, 当 $T \to +0$ 时我们有

$$S \sim k\log\left(n\mathrm{e}^{-\frac{\varepsilon_1}{kT}} + m\mathrm{e}^{-\frac{\varepsilon_{n+1}}{kT}}\right) + \frac{1}{T}\frac{n\varepsilon_1\mathrm{e}^{-\frac{\varepsilon_1}{kT}} + m\varepsilon_{n+1}\mathrm{e}^{-\frac{\varepsilon_{n+1}}{kT}}}{n\mathrm{e}^{-\frac{\varepsilon_1}{kT}} + m\mathrm{e}^{-\frac{\varepsilon_{n+1}}{kT}}},$$

由此推出, 当 $T \to +0$ 时有 $S \sim k \log n$. 特别地, 对于在物理上有意义的 $n = 1$ 的情况, 这个极限严格为零. 但是, 即使 $n \neq 1$, 只要 n 不是很大, 量 $k \log n$ 也几乎等于零, 因为玻尔兹曼常数很小 ($k \approx 1.38 \times 10^{-23}$ J/K).

2.2. 注释和补充

1. 首先就刚才作过的计算说两句.

我们用比较初等的方法得到的上述结果, 是基于这样一个判断: 只要能求出函数 P 的极值条件就足够了, 因为在我们的系统的整个系综中, 绝大部分的可能状态都在极值点的小邻域中, 也就是说, 这就是系综的最大概率状态.

在达尔文和福勒的已经成为经典的著作中, 这个问题得到了相当详尽的研究 (有原则上一样的结果). 他们应用了复分析、生成函数、留数理论和渐近方法. 这些内容可以在, 例如, 薛定谔的书 [16] 的第六章中查到.

2. 再作以下补充.

遵循吉布斯的做法, 引进**统计积分**

$$Z(\beta, \alpha) = \int_\Gamma \mathrm{e}^{-\beta H} \,\mathrm{d}q \,\mathrm{d}p,$$

它类似于上面考察过的统计和. 与在吉布斯分布中一样, $H(q, p, a)$ 表示哈密顿量, 而 $\beta = 1/kT$. 所有变量记号与以前相同.

这时, 系统的内能和系统的状态方程 (参看第 84, 100 页) 表示如下:

$$E = -\frac{\partial \log Z}{\partial \beta}, \quad A_i = \frac{1}{\beta}\frac{\partial \log Z}{\partial a_i}, \quad 1 \leqslant i \leqslant n,$$

而它的熵表示成 $\log Z$ 的勒让德变换的形式:

$$S = k\Big(\log Z - \beta\frac{\partial \log Z}{\partial \beta}\Big).$$

熵还有另外的、玻尔兹曼早就知道的表达式:

$$S = -k \int_\Gamma \rho \log \rho,$$

它是用吉布斯正则分布密度 ρ 表示的. 在信息论中, 对于任意分布密度, 熵正是以这种形式出现的.

我们来验证这个公式. 由于 $\rho = \mathrm{e}^{\beta H}/Z$, 我们有

$$-\int_\Gamma \rho \log \rho = \log Z + \beta \int_\Gamma H \mathrm{e}^{\beta H}/Z.$$

最后这个积分等于 $-\dfrac{\partial \log Z}{\partial \beta}$. 由此并注意到上面指出的熵作为 $\log Z$ 的勒让德变换的表达式, 即可确认要验证的公式是正确的.

3. 举例说明统计积分技术有突出的简洁性和有效性.

设在通常的空间 $\mathbb{R}^3$ 中有一个体积为 V 的容器 D, 其中装满了理想气体, 这些气体由 n 个具有同样质量 m、相互作用很弱的运动粒子组成. 每个粒子的状态由它的位置 (三个坐标) 和动量 (三个数) 确定. 系统的哈密顿量 (动能) 有如下形式:

$$H = \sum_{i=1}^{n} \frac{|p_i|^2}{2m},$$

而统计积分

$$Z = \int_\Gamma \mathrm{e}^{-\beta H} = \int_{D^n} \mathrm{d}q \int_{\mathbb{R}^{3n}} \mathrm{e}^{-\beta H}\, \mathrm{d}p = V^n \int_{\mathbb{R}^{3n}} \mathrm{e}^{-\beta H}\, \mathrm{d}p,$$

在球面坐标下最终容易算出:

$$Z = C \frac{V^n m^{3n/2}}{\beta^{3n/2}}.$$

这里的 C 是只与 n 有关的正常数.

这样一来,

$$\log Z = n \log V - \frac{3n}{2} \log \beta + \frac{3n}{2} \log m + \log C.$$

由此立刻得到系统的能量与绝对温度的关系

$$E = -\frac{\partial \log Z}{\partial \beta} = \frac{3n}{2\beta} = \frac{3}{2} nkT,$$

以及压强

$$P = \frac{1}{\beta}\frac{\partial \log Z}{\partial V} = \frac{nkT}{V},$$

它是参数 V 所对应的广义力.

如果换成经典热力学的记号, τ 代之以 T, k 代之以 $\frac{R}{N}$, nR 代之以 MR, 其中 R 是普适气体常数, N 是阿伏伽德罗常数, M 是气体的物质的量 (以摩尔为单位), 那么所得的关系式相应地变为焦耳定律 $E = \frac{3}{2}MRT$ 和克拉珀龙定律 $PV = MRT$.

请注意, 系统的哈密顿量原来根本不是作为温度和外参数的函数给出的.

此外, 所做的计算与分子的个数 n 无关. 这可能使物理学家感到困惑, 他们认为气体的压强和温度, 和谈及气体一样, 只在 n 充分大时, 才是有意义的.

优越性和怪异性的这种结合也出现在我们以前讲过的经典唯象热力学的卡拉泰奥多里公理化模型中. 普朗克已经注意到这个问题, 他高度评价了卡拉泰奥多里的工作.

除其他人外, 相似的情况是否也使麦克斯韦感到迷茫呢? 他对自己的气体分子速度 (动能) 分布律给出了几个证明, 其中的一个完全是初等的, 是在任意的分子个数 n 的情况下作出的, 而其他的证明都是在 $n \to \infty$ 的情形下导出来的.

4. 现在讲几句有关课程本身和这份讲课笔记的事.

这本书的几乎每一节和每一个小标题, 无论长短如何, 都不只是可供讨论的话题, 而是一个完整的研究领域, 其详细论述就能形成一门独立的有分量的课程. 我们涉及的东西很多, 但只是鸟瞰和走马观花而已. 读者应当自己对此进行总结, 并根据专业文献进一步补充和完善自己感兴趣的问题. 书后的参考文献给出了相关文献的出处.

统计热力学的哲学思想, 它的概念和原理的深刻联系和内容, 时至今日都是研究课题, 可参看 P. 埃伦费斯特和 T. 埃伦费斯特的经典论文综述 [6].

我们用现代数学语言仅仅刻画了两个热力学基本定律的整体框架，并未涉及它们的具体表现和热力学本身的多样性 (参看，例如，[20–23]).

5. 最后，补充两句本应当作为脚注的话. 我们是从能量和熵这两个热力学基本概念开始的，也将以它们作为结束.

想来令人好笑. 1841 年罗伯特 · 迈耶很想发表他的第一篇有关能量守恒定律的文章，可 Annalen der Physik 杂志的编辑佩根多夫不同意. 其实，这次拒稿实质上是因祸得福，因为文章第一校中有不少错误，以致严重损害了文章的核心思想本身，参看 [19].

差不多的情况也发生在克劳修斯和他的热力学第二定律身上，只是原因不同而已，他是不得已才坚持使用后来被称为**熵**的量.

(在 [19] 中这样解释克劳修斯为什么选用熵这个术语:

[这个量在数学上有严格定义，但在物理上很不直观. 此外，它的绝对值是不确定的，确定的只是它在不可逆孤立系统中的改变量. 熵在理想的可逆过程中保持不变.

因为熵的变化在理想的可逆过程中等于零，而在实际情形中是正的，所以，熵是实际过程对理想过程偏离的大小. 克劳修斯就是这样解释熵的命名的，从词源上说，它表示 "改变."]

说实在的，我不太相信这种说法. 在表示差别时，有很多更准确的术语可以刻画偏离，而不是改变、变化和转变. 其实，能量 (energy) 和熵 (entropy) 的前缀都是 "en"，前者表示包含 "在" 物体 "中" 的做功能力，后者表示 "在" 什么东西 "中" 有变换、转变、重排、混合①. 如此就难怪，人们把大气层中平常就能观察到最活跃的现象、变化和转变的那一部分叫做对流层 (troposphere).

6. 关于两个热力学定律，再说两句.

热力学第一定律就是一般的能量守恒定律，当然，也就是热与功的等价性.

①译者注: energy 的词根 erg 有 "能" 的含义，entropy 的词根 trop 有 "转变" 的含义.

在经典热力学中, 第二定律断言: 从一个平衡状态到另一个平衡状态转变的孤立系统, 其演化始终沿着熵增加的方向. (充满半个容器的气体, 在抽掉中间隔板后将充满整个容器, 但气体自己不可能反过来再集中到半个容器中.)

在外部作用影响下 (例如, 当推动活塞改变气缸内气体的体积时), 系统 (气体) 可以沿另外的方向改变自己的状态. 如果一切变化都进行得无限缓慢, 就可以认为, 系统每时每刻所经历的都是平衡状态, 而且整个过程是可逆的.

这在数学上表示为, 对于可逆过程, 其初始状态和最终状态之间的熵增等于由该过程任意分成的子过程序列中诸子过程的熵增之和.

假如在上述子过程序列中有一个子过程, 其平衡条件被破坏, 那么子过程的熵增之和将大于系统从初始状态到最终状态间的熵增. 这个不等式 (克劳修斯不等式) 是不可逆过程 (例如, 相互接触但温度不同的物体之间的热交换) 的特性.

我们指出, 熵在形式上只是对热力学系统的平衡状态定义的. 在将这个概念向非平衡状态的情形推广时, 通常要将系统划分成一些假定都处在平衡状态的微系统, 并把它们的熵之和作为原系统的熵.

7. 大事年表 (不涉及宇宙大爆炸、太阳系的产生和普罗米修斯的伟大功绩).

唯象热力学

1680—1705	蒸汽机的发明 蒸汽发动机的第一个专利在 1705 年授予英国嵌工托马斯 · 纽科门 [T. Newcomen].
1765	詹姆斯 · 瓦特 [J. Watt (1736—1819)] 提出热机效率问题 (后来提出热功当量问题).
1824	萨迪 · 卡诺 [S. Carnot (1796—1832)] 的工作《论火的动力 ⋯⋯》(后被表述为热力学第二定律).

1834 伯奴瓦 · 克拉珀龙 [B. Clapeyron (1799—1864)]
发现了卡诺的工作, 克拉珀龙定律 (统一了盖 – 吕萨克定律和玻意耳 – 马略特定律).

1840—1850 提出能量守恒定律并将它精确化:
尤利乌斯 · 罗伯特 · 迈耶 [J. R. Mayer (1814—1878)].
詹姆斯 · 普雷斯科特 · 焦耳 [J. P. Joule (1818—1899)].
赫尔曼 · 亥姆霍兹 [H. Helmholtz (1821—1894)].
鲁道夫 · 克劳修斯 [R. Klausius (1832—1888)].

1850—1925 经典唯象热力学最后形成
作为科学的平衡热力学 (克劳修斯 [Klausius]).
热力学的接触几何学 (吉布斯 [Gibbs]).
热力学的公理化 (卡拉泰奥多里 [C. Carathéodory]).

热的分子理论

(关于物质分子结构的思想已很古老. 用分子运动解释热的思想要年轻一些: 弗朗西斯 · 培根 [F. Bacon (1561—1626)], 约翰 · 开普勒 [Kepler (1572—1630)], 莱昂哈德 · 欧拉 [L. Euler (1707—1783)], $\cdots\cdots$).

1738 丹尼尔 · 伯努利 [D. Bernulli (1700—1782)].
压强的分子解释 (在其著作《流体动力学》中).

1856 奥古斯特 · 克勒尼希 [A. Krönig (1822—1879)].
温度与动能的关系.

1857—1865 鲁道夫 · 克劳修斯 [R. Klausius (1832—1888)].
发展了热的力学理论.
研究了热与功的等价性原理 (1850).
内能的概念.
将能量守恒定律表述为 $\delta Q = \mathrm{d}E + p\,\mathrm{d}V$ 的形式.
熵的概念与热力学第二定律 (1865).

统计力学、热力学、物理学

1860—1866	詹姆斯 · 克拉克 · 麦克斯韦 [J. C. Maxwell (1831—1879)]. 分子速度和动能的麦克斯韦分布律; 分子的平均自由程. 麦克斯韦妖, 可逆性问题.
1868—1906	路德维希 · 玻尔兹曼 [L. Boltzmann (1844—1906)]. 势场中分子能量的玻尔兹曼分布. 用统计方法研究热力学. 玻尔兹曼方程与热力学系统的演化. 熵和热力学概率, 关于熵增加的 H-定理. 热力学第二定律问题. 遍历假说.
1883—1892	亨利 · 庞加莱 [H. Poincaré (1850—1912)]. 动力系统. 回归定理. 看作无碰撞连续介质的气体和它的演化.
1896	埃内斯特 · 策梅洛 [E. Zermelo (1871—1953)]. 热力学悖论.
1902	乔赛亚 · 威拉德 · 吉布斯 [J. W. Gibbs (1839—1903)]. 统计力学的数学理论. 哈密顿系统中的测度、分布以及它们的演化. 作为不变测度的平衡状态.
1905	阿尔伯特 · 爱因斯坦 [A. Einstein (1879—1955)]. 布朗运动论和热力学第二定律. 原子的大小, 阿伏伽德罗常数.

量子统计力学、热力学、物理学

1887—1892 马克斯 · 普朗克 [M. Plank (1859—1947)].
量子理论的诞生.

1902 乔赛亚 · 威拉德 · 吉布斯 [J. W. Gibbs (1839—1903)].
热力学悖论.

1926 埃尔温 · 薛定谔 [E. Schrödinger (1887—1961)].
量子统计力学 ……

参考文献[1]

专题一

第一、二章

通用教材及论文

1. Bridgman P. W. Dimensional analysis. New Haven: Yale University Press, 1931. 有俄译本: Бриджмен П. Анализ размерностей. М.; Ижевск: Изд-во РХД, 2001. [科学院院士 С. И. 瓦维洛夫编辑校订了英文第二版俄译本, 这是它的再版书, 其中又收入了 D. Bridgman 关于高能物理的诺贝尔演讲的全文.]
2. Седов Л. И. Методы подобия и размерности в механике. 6-е изд., доп. М.: Наука, 1967. 有中译本: Л. И. 谢多夫. 力学中

[1] 书目及其编号都是按章编排的 (只有专题一的第二章例外). 这里列出的文献以及本书中对它们的使用, 受条件限制, 远远不能说是充分的和完备的. 如果考虑到与这里所涉及的问题有关的海量文献的话, 不如说, 它们的选取是相当随意的 (据说, 在得克萨斯一家酒吧的入口处悬挂着一个布告牌, 上面写着: "请勿对我们的乐师开枪, 他们会尽力演奏的.").

的相似方法与量纲理论. 沈青, 倪锄非, 李维新译. 北京: 科学出版社, 1982.

3. Международная система единиц (СИ). М.: Высшая школа, 1964.

4. Götler H. Zur Geschichte des Π-Theorems // Z. Angew. Math. Mech. 1975. Bd. 55, No 1. S. 3–8.

5. Федерман А. О некоторых общих методах интегрирования уравнений с частными производными первого порядка // Изв. Санкт-Петербург. Политехн. ин-та. Отд. техн., естествозн. и математ. 1911. Т. 16, No 1. С. 97–155.

补充文献

6. Ландау Л. Д, Лифшиц Е. М. Гидродинамика. М.: Наука, 1988. 有中译本: Л. Д. 朗道, Е. М. 栗弗席兹. 流体力学. 李植译. 北京: 高等教育出版社, 2012.

7. Кочин Н. Е., Кубель И. А., Розе Н. В. Теоретическая гидродинамика. Ч. II. М.: Физматлит, 1963.

8. Whitney H. Collected Papers / Ed. J. Eells, D. Toledo. Vol. II. Boston: Birkhäuser, 1992. P. 530–584. Reprint from: The mathematics of physical quantities. P. I. Mathematical models for measurement // Am. Math. Monthly. 1968. Vol . 75. P. 115–138; P. II. Quantity structures and dimension analysis // Ibid. P. 237–256.

9. Арнольд В. И. Математические методы классической механики, М.: Наука, 1989. (第 50 页. 相似方法.) 有中译本: В. И. 阿诺尔德. 经典力学的数学方法. 2 版. 齐民友译. 北京: 高等教育出版社, 2006.

10. Jarman M. Examples in quantitative zoology. London: Edward Arnold (Publishers) Ltd 1970. 有俄译本: Джермен М. Количественная биология в задачах и примерах. М.: Мир, 1972.

11. Смит Дж. Математические идеи в биологии. М.: Мир, 1970.
12. Манин Ю. И. Математика и физика. М.: Знание, 1979. (Новое в науке и технике. Серия математика, кибернетика. Вып. 12.) 还收录在以下书中: Манин Ю. И. Математика как метафора. М.: МЦНМО, 2008.
13. Овсянников Л. В. Групповой анализ дифференциальных уравнений. М.: Наука, 1978.

第三章

1. Колмогоров А. Н. Локальная структура турбулентности в несжимаемой вязкой жидкости при очень больших числах Рейнольдса // Докл. АН СССР. 1941. Т. 30, No 4. С. 299–303. 还发表于: УФН. 1967, Т. 93. С. 476–481; 还收录在以下书中: Колмогоров А. Н. Избранные труды. Т. 1: Математика и механика. М.: Наука, 1985, С. 281–287. (参看: Kolmogorov.
Yubileǐnoe izdanie v 3-kh. kn. Kn. 1. Biobibliografiya. M.: Fizmatlit, 2003. S. 256.) 在以下论文集中有德文译文: Statistische Theorie der Turbulenz. Berlin: Akademie-Verlag, 1958, P. 71–76.
2. Колмогоров А. Н. К вырождению изотропной турбулентности в несжимаемой вязкой жидкости // Докл. АН СССР. 1941. Т. 31, No 6. С. 538–541. 还发表在以下书中: Колмогоров А. Н. Избранные труды. Т. 1: Математика и механика. М.: Наука, 1985, С. 287–290. 有德文译文: Statistische Theorie der Turbulenz. Berlin: Akademie-Verlag, 1958. P. 147–150.
3. Колмогоров А. Н. Рассеяние энергии при локально изотропной турбулентности // Докл. АН СССР. 1941. Т. 32. С. 19–

21. 还发表在以下书中: Колмогоров А. Н. Избранные труды. Т. 1: Математика и механика. М.: Наука, 1985, С. 290–293. 有德文译文: Statistische Theorie der Turbulenz. Berlin: Akademie-Verlag, 1958. P. 77–81.

4. Колмогоров А. Н. Уточнение представления о локальной структуре турбулентности в несжимаемой вязкой жидкости при больших числах Рейнольдса. Mécanique de la turbulence: Actes du Colloque International du CNRS (Marseille, août-sept. 1961). Paris: Éditions du CNRS, 1962. P. 447–458 (俄文和法文). 还发表在以下书中: Колмогоров А. Н. Избранные труды. Т. 1: Математика и механика. М.: Наука, 1985, С. 348–352. 还用英文发表于: A refinement of previous hypotheses concerning the local structure of turbulence in a viscous incompressible fluid at high Reynolds number // J. Fluid Mech. 1962. Vol. 13. No 1, P. 82–85.

5. Колмогоров А. Н. Математические модели турбулентного движения вязкой жидкости //УМН. 2004. Т. 59, No 1. С. 5–10.

(这是柯尔莫戈洛夫去世后出版的. 整个这一期《数学科学进展》是柯尔莫戈洛夫的纪念文集, 其中发表了 2003 年在莫斯科隆重举行的大型国际会议 “柯尔莫戈洛夫与现代数学” 上的一系列报告, 这个会议时逢柯尔莫戈洛夫百年诞辰. 在文集的 25–44 页是 В. И. 阿诺尔德的报告《柯尔莫戈洛夫与自然科学》, 其中包括了由湍流研究引发的柯尔莫戈洛夫关于一般流体动力学原理的明确表述.)

6. Обухов А. М. О распределении энергии в спектре турбулентного потока // Изв. АН СССР. Сер. геогр. и геофиз. 1941. С. 4–5.

7. Obukhov A. M. Some specific features of atmospheric turbulence // J. Fluid Mech. 1962. Vol. 13, No 1. P. 77–81; // J. Geophys. Res. 1962. Vol. 67. P. 3011–3014.
8. Обухов А. М. Течение Колмогорова и его лабораторное моделирование // УМН. 1983. Т. 38, No 4. С. 101–111.
9. Этюды о турбулентности. М.: Наука, 1994.

(这是一本论文集, 作者参加过 A. M. 奥布霍夫和 A. C. 莫宁的讨论班工作. 论文集为纪念 A. M. 奥布霍夫而出版, 由科学院院士 O. M. 别洛采尔科夫斯基作序, 他回忆了曾在莫斯科大学物理系讲授物理的谢尔盖 · 格里戈里耶维奇 · 卡拉什尼科夫教授.)
10. Ландау Л. Д., Лифшиц Е. М., Гидродинамика. М.: Наука, 1988. 有中译本: Л. Д. 朗道, E. M. 栗弗席兹. 流体力学. 李植译. 北京: 高等教育出版社, 2012.
11. Кочин Н. Е., Кибель И. А., Розе Н. В. Теоретическая гидродинамика. Ч. II. М.: Физматлит, 1963.
12. Гидродинамическая неустойчивость. Сборник статей. М.: Мир, 1964. 译自: Hydrodynamic Instability. Proc. Symp. Appl. Math. Vol. XIII. 1962.

(这个论文集中有 Hopf E., Birkhoff G., Kampé de Fériet J., Kraichnan R. 及其他人的论文. 参看论文中的参考文献.)
13. Лаврентьев М. А., Шабат Б. В. Проблемы гидродинамики и их математические модели. М.: Наука, 1977.
14. Visions in Mathematics. Towards 2000. P. 1.

GAFA (Geom. funct. anal.) Spec. Vol. GAFA, 2000. Basel: Birkhäuser Verlag, 2000.
15. Kupiainen A. Lessons for turbulence // GAFA (Geom. funct. anal.) Spec. Vol. GAFA, 2000. P. 316–333.
16. Frish U. Turbulence. The legacy of A. N. Kolmogorov. Cambridge:

Cambridge University Press, 1995. 有俄译本: Фриш У. Турбулентность. Наследие А. Н. Колмогорова / Пер. с англ. А. Н. Соболевского под ред. М. Л. Бланка. М.: Фазис, 1998.

17. Колмогоров. Юбилейное издание в 3-х кн. Кн. 1. Биобиблиография. М.: Физматлит, 2003. С. 225, 78–80, 342.

18. Ruelle D. Hasard et chaos. Edition Odile Jacob, 1991. 有俄译本: Рюэль Д. Случайность и хаос. М.; Ижевск: Изд-во РХД, 2001.

19. Mallat S. A wavelet tour of signal processing. 2ed. Academic Press, 1999. 有俄译本: Малла С. Вейвлеты в обработке сигналов. М.: Мир 2005.

(参看有关柯尔莫戈洛夫 1941 年和 1962 年在湍流方面工作的第 236 页.

可以看到, 这个模型暂时没有考虑旋涡过程, 也没有考虑旋涡区域与相对平静流动区域的可观测的间歇性. 没有阐明旋涡的形成机制以及小尺度结构与大尺度结构之间的能量交换.

"搞清楚流体动力学湍流的性质, 这是现代物理学的一个重要课题.

任何形式主义的方法都不能在纳维 – 斯托克斯方程的基础上建立起对湍流的物理统计描述, 我们不可能像在热力学中作过的那样弄清楚湍流的整体性质.")

20. 2005 年 4 月 15 日《消息报》第 17 页摘录.

[科学院院士阿列克谢 · 利帕诺夫, 应用数学研究所所长, 在接受《消息报》记者采访时说:

"我们已经成功地建立了湍流的数学模型并解决了这个难题. 这个问题之所以在一百年来一直被认为是解决不了的, 是因为把湍流过程看成是随机的. 我们证明了, 这是一个错误, 湍流是能严格模拟的. 这个发现的实际意义是显然的, 飞机和舰船的设计师现在将采用这种方法, 许多灾难将得以避免 ······” 该消息来自在加里宁格勒召开的纪念卡尔 · 雅可比 200 周年诞辰的国际会议.]

我们希望, 文献 [19] 和 [20] 的作者们能相互接触并且不进入“湍流状态”.

在考虑可能出现湍流阻力的情况下计算液体或气体流过管道时管道两端压强的下降, 这是许多流体力学家、物理学家和工程师都关注过的一个重要的实际问题. 顺便问一句, 这个问题大概也已经一并解决了吧?

(关于这个方面可参看, 例如, 巴伦布拉特在上面提到的《数学科学进展》 [5] 上的文章. 一般对湍流感兴趣的人可参看不久前 (2006 年 8 月) 由 B. A. 斯捷克洛夫数学研究所在莫斯科主办的 “哈密顿动力学、旋涡结构、湍流” 国际研讨会上的报告, 以及 2006 年 6 月在 B. И. 斯捷克洛夫研究所举办的 “数学流体力学” 国际会议上的报告.)

以下原始文献对数学工作者将是有益的.

21. Shiryaev A. On the classical, statistical, and stochastic approaches to the hydrodynamic and turbulence. — Thiele centre for applied mathematics in natural science, Research report, 02 January, 2007.

22. Юдович В. И. Глобальная разрешимость против коллапса в динамике несжимаемой жидкости. Математические события XX века. М.: Фазис, 2003. С. 519–548.

23. Friedlander S., Yudovich V. Instabilities in Fluid Motion // Notices of the AMS. Vol. 46, No 11. P. 1358–1367. (December 1999).

24. Arnold V. I., Khesin B. A. Topological methods in hydrodynamics // Applied Mathematical Sciences. Vol. 125. Springer, 1998. 有经过增补的俄译本: Арнольд В. И., Хесин Б. А. Топологические методы в гидродинамике. М.: МЦНМО, 2007.

专题二

第一章

原始文献

1. Комельников В. А. О пропускной способности “эфира” и проволоки в электросвязи // Всесоюзный энергетический комитет. Материалы к первому Всесоюзному съезду по вопросам технической реконструкции дела связи и развития слаботочной промышленности. М.: Управления связи РККА, 1933.

2. Shannon C. E. A mathematical theory of communication // Bell System Tech. J. 1948. Vol. 27. P. 379–423, 623–656. 有俄文译文: Шеннон К. Работы по теории информации и кибернетике. М.: ИЛ, 1963.

3. Теория информации и её приложения. М.: Физматлит, 1959.

该论文译文集中包括:

Хартли Р. В. Л. Передача информации. (Hartley R. V. L. Transmission of information // BSTJ. 1928. Vol. 7, No 3, P. 535–563.)

Оливер Б. М., Пирс Дж. Р. Шеннон К. Е. Принципы кодово-импульсной модуляции. (Oliver B. M., Pierce J. R., Shannon C. E. The philosophy of P.C.M. // Proc. IRE. 1948. Vol. 36, No 11. P. 1324–1331.)

Таллер В. Дж. Теоретические ограничения скорости передачи информации. (Tuller W. G. Theoretical limitations on the rate of transmission of information // PIRE. 1949. Vol. 37, No 5. P. 468–478.)

Шеннон К. Связь при наличии шума. (Shannon C. E.

Communication in the presence of noise // PIRE. 1949. Vol. 37, No 1. P. 10–21.)

Ли И. В., Читем Т. П., Виснер Дж. Б. Применение корреляционного анализа для обнаружения периодических сигналов в шуме. (Lee Y. W., Cheatham T. P., Wiesner J. B. Application of correlation analysis to the detection of periodic signals in noise // PIRE. 1950. Vol. 38. P. 1165–1171.)

综述 (含拓展及详细文献)

4. Хургин Я. И., Яковлев В. П. Финитные функции в физике и технике. М.: Наука, 1971.

第二章

数学方面的原始文献

1. Poincaré H. Calcule des probabilité. Paris: Gautier Villars, 1912. 有俄译本: Пуанкаре А. Лекции по теории вероятностей. М.; Ижевск: Изд-во РХД, 1999.
2. Levy P. Problémes concrets d'analyse functionnelle. Paris: Gautier Villars, 1951.

充实更新了的叙述和数学应用

3. a) Milman V., Schechtman G. Asymptotic Theory of Finite Dimensional Normed Spaces. (With an Appendix by M. Gromov) // Lecture Notes in Mathematics. Vol. 1200. Springer-Verlag, 1986. (Appendix I. Gromov M. Isoperimetric inequality in Riemannian manifolds. P. 114–129.)

b) Мильман В. Д. Явления, возникающие в высоких размерностях // УМН. 2004. Т. 59, No 1. С. 157–168.

c) Ball K. An elementary introduction to modern convex geometry

// Flavors of geometry. Cambridge: Cambridge Univ. Press, 1997. (Math. Sci. Res. Inst. Publ.; Vol.31.) P. 3–58.

物理方面的原始文献及其数学发展

4. Лоренц Г. А. Статистические теории в термодинамике. М.; Ижевск: Изд-во РХД, 2001.
5. Шрёдингер Э. Лекции по физике. М.; Ижевск: Изд-во РХД, 2001.
6. Хинчин А. Я. Симметрические функции на многомерных поверхностях // Сб. памяти А. А. Андронова. М.: изд-во АН СССР, 1955. С. 541–576.
7. Опойцев В. И. Нелинейный закон больших чисел. А и Т. 1994. Т. 4. С. 65–75.
8. Манин Ю. И. Математика и физика. М.: Знание, 1979. (Новое в науке и технике. Сер. Математика, кибернетика. Вып. 12.) 也收录在以下书中: Манин Ю. И. Математика как метафора. М.: МЦНМО, 2008.
9. Минлос Р. А. Введение в математическую статистическую физику. М.: МЦНМО, 2002.
10. Кац М. Вероятность и смежные вопросы в физике. 2-е изд. М.: УРСС, 2003.
11. Козлов В. В. Тепловое равновесие по Гиббсу и Пуанкаре. М.; Ижевск: Изд-во РХД, 2002.
12. Рюэль Д. Случайность и хаос. М.; Ижевск: Изд-во РХД, 2001.
13. Kurchan J., Ladoux L. Phase space geometry and slow dynamics // J. Phys. A: Math. Gen. 1996. Vol. 29. P. 1929–1948.

第三章

原始文献

1. Shannon C. E. A mathematical theory of communication // Bell System Tech. J. 1948. Vol. 27. P. 379–423, 623–656. 有俄文译文: Шеннон К. Работы по теории информации и кибернетике. М.: ИЛ, 1963.
2. Теория информации и её приложения. М.: Физматлит, 1959. 论文译文集, 其中包括: Шеннон К. Связь при наличии шума. (Shannon C. E. Communication in the presence of noise // PIRE. 1949. Vol. 37, No 1. P. 10–21.)

关于 ε-熵的退缩和希尔伯特问题

3. Hilbert D. Mathematische Probleme // Gesammelte Abhandlungen. 1935. Vol. III. P. 290–329.

   Проблемы Гильберта // Сборник статей под общ. ред. П. С. Александрова. М.: Наука, 1969.

   也可参看: Гильберт Д. Избранные труды. Т. 2. М.: Факториал, 1998.
4. Витушкин А. Г. К тринадцатой проблеме Гильбета // ДАН СССР. 1954. Т. 95, No 4. С. 701–704.

   Вимушкин А. Г. 13-я проблема Гильберта и смежные вопросы // УМН. 2004. Т. 59, No. С. 11–24.
5. Колмогоров А. Н. Оценки минимального числа точек ε-сетей в различных функциональных классах и их применение к вопросу о представимости функций нескольких переменных суперпозициями функций меньшего числа переменных // ДАН СССР. 1955. Т. 101. No 2. С. 192–194.
6. Колмогоров А. Н. О представлении непрерывных функций

нескольких переменных суперпозициями функций меньшего числа переменных // ДАН СССР. 1956. Т. 108. No 2. С. 179–182.

Колмогоров А. Н. О представлении непрерывных функций нескольких переменных в виде суперпозиции непрерывных функций одного переменного и сложения // ДАН СССР. 1957. Т. 114. No 5. С. 953–956.

7. Arnold V. I. From Hilbert Superposition Problem to Dynamical Systems. Proceedings of 1977 conferences at Fields Institute // Fields Institute Communcations. 1999. Vol. 24. P. 1–18.

   这个报告的俄文版在以下书中: Математические события XX века. М.: Фазис, 2003. С. 19–48.

   Арнольд В. И. О функциях трех переменных //ДАН СССР. 1957. Т. 114, No 4. С. 679–681

8. Колмогоров А. Н., Тихомиров В. М. ε-энтропия и ε-емкость множеств в функциональных пространствах // УМН. 1959. Т. 14, No 2. С. 3–86.

补充文献

9. Витушкин А. Г. Оценка сложности задачи табулирования. М.: Физматлит, 1959.
10. Буслаев В. И., Витушкин А. Г. Оценка длины кода сигналов с конечным спектром в связи с задачами звукозаписи // Изв. АН СССР. Сер. Матем. 1974. Т. 38. С. 867–895.
11. Блаттер К. Вейвлет-анализ. Основы теории. М.: Техносфера, 2004. (Серия《Мир математики》.)
12. Малла С. Вейвлеты в обработке сигналов. М.: Мир, 2005.
13. Higgins J. R. Five short stories about the cardinal series // Bulletin of the Amer. Math. Soc. 1985. New Series. Vol. 12. P. 45–89.

14. Хургин Я. И., Яковлев В. П. Финитные функции в физике и технике. М.: Наука, 1971.
15. Вентцель Е. С. Теория вероятностей. М.: Наука, 1964.
16. Холево А. С. Введение в квантовую теорию информации. М.: МЦНМО, 2002.

专题三

第一章

原始文献、译文和介绍

1. Второе начало термодинамики. М.; Л.: Гостехиздат, 1934. Сб. работ: С. Карно, В. Томсон-Кельвин, Р. Клаузиус, Л. Больцман, М. Смолуховский.
2. Лоренц Г. А. Статистческие теории в термодинамике. М.; Ижевск: Изд-во РХД, 2001.
3. Ehrenfest P., Ehrenfest T. Begriffische Grundlagen der Statistischen Auffassung in der Mechanik // Enzyclopädie der Math. Wiss. Bd. IV. 1911.
4. Льоцци М. История физики. М.: Мир, 1970.

热力学的一些教材和讲义

5. Planck M. Vorlesungen über Thermodynamik. 5 Aufl. Leipzig: Veit, 1917.
6. Зоммерфельд А. Термодинамика и статистическая физика. М.: ИЛ, 1955; М.; Ижевск: Изд-во РХД, 2002.
7. Леонтович М. Л. Введение в термодинамику. Статистическая физика. М.: Наука, 1983.
8. а) Фейнман Р. Фейнмановские лекции по физике. Кн. 4. Кинетика, теплота, звук. М.: Мир, 1967.

b) Фейнман Р. Статистическая механика. Волгоград: Платон, 2000.

9. Шрёдингер Э. Лекции по физике. М.; Ижевск: Изд-во РХД, 2001.

10. Ферми Э. Термодинамика. М.; Ижевск: Изд-во РХД, 1998.

关于经典热力学的形式化

11. a) Carathéodory C. Untersuhungen über die Grundlagen der Thermodynamik // Math. Ann. 1909. Vol. 67. P. 355–386. 收录于: Carathéodory C. Gesammelte Mathematische Schriften. Bd. 2. München, 1955. S. 131–166. 有俄文译文: Каратеодори К. Об основах термодинамики // Развитие современной физики. М.: Наука, 1964. С. 188–222. 那里还有: Борн М. Критические замечания по поводу традиционного изложения термодинамики. С. 223–257.

b) Carathéodory C. Über die Bestimmung der Energie und der absoluten Temperature mit Hilfe von reversiblen Prozessen. Sitzungsberichte der Preussischen Akademie der Wissenschaften Physikalisch-mathematische Klasse. Berlin, 1925. S. 39–47. 也收录在以下文集中: Carathéodory C. Gesammelte Mathematische Schriften. Bd. 2. München, 1955. S. 167–177.

第二章

热力学与接触几何

1. a) Gibbs J. W. Graphical Methods in the Thermodynamics of Fluids. Transactions of Connecticut Academy, 1873. Vol. 2. P. 309–342.

b) Gibbs J. W. A Method of Geometrical Representation of the Thermodynamic Properties of Substances by Means of Surfaces.

Transactions of Connecticut Academy, 1873.

c) Gibbs J. W. On the Equilibrium of Heterogeneous Substances. Transactions of Connecticut Academy, 1876, 1878.

d) Gibbs J. W. Elementary principles in statistical mechanics: developed with especial reference to the rational foundation of thermodynamics. New Haven, 1902.

如下书中有全部俄文译文: Гиббс Дж. В. Термодинамика. Статистическая механика. М.: Наука, 1982. 特别地, 书中包括《О равновесии гетерогенных веществ》(с. 61–349) и《Основные принципы статистической механики со специальным применением к рациональному обоснованию термодинамики》(с. 350–508).

2. Proceedings of the Gibbs Simposium Held at Yale University, New Haven, Connecticut, May 15–17, 1989. New York: AMS; Providence RI: American Institute of Physics, 1990.

3. Arnold V. I. Contact geometry: the geometrical method of Gibbs's thermodynamics // Proceedings of the Gibbs Simposium Held at Yale University, New Haven, Connecticut, May 15–17, 1989. New York: AMS; Providence RI: American Institute of Physics, 1990. P. 163–179.

数学方面的文献

4. Картан А. Дифференциальное исчисление. Дифференциальные формы. М.: Мир, 1971.

5. Рашевский П. К. О соединимости любых двух точек вполне неголономного пространства допустимойпинией // Уч. зап. Пед. ин-та им. Либкнехта. Сер. физ. мат. наук. 1938. Т. 2. С. 83–94.

6. Chow W. Sisteme von linearen partiallen Differentialgleichungen

erster Ordnung // Math. Ann. 1939. Vol. 117. P. 98–105.

7. Sub-Riemannian geometry. Progr. Math. Basel: Birkhäuser, 1996. Vol. 144.
8. Sussmann H. J. Orbits of families of vector fields and integrabilities of distributions // Trans. Amer. Math. Soc. 1973. Vol. 180. P. 171–188.
9. Gromov M. Carnot — Carathéodory spaces seen from within // Sub-Riemannian geometry. Progr. Math. Basel: Birkhäuser, 1996. Vol. 144. P. 79–323.
10. Montgomery R. A Tour of Subriemannian Geometry, Their Geodesics and Applications // Mathematical Surveys and Monographs. 2002. Vol. 91. AMS.
11. Уорнер Ф. Основы теорин гладких многообразий и групп Ли. М.: Мир, 1987.
12. Арнольд В. И. Математические методы классической механики. М.: Наука, 1989. 有中译本: 经典力学的数学方法. 4 版. 北京: 高等教育出版社, 2006.
13. Арнольд В. И., Гивенталь А. Б. Симплектическая геометрия. Ижевск: Изд-во РХД, 2000.
14. Lieb H., Yngvason J. The mathematics of the second low of thermodynamics // Geom. funct. anal. Spec. Vol. GAFA, 2000. P. 334–358.
15. Антоневич А. Б., Бахтин В. И., Лебедев А. В., Саражинский В. Д. Лежандров анализ, термодинамический формализм и спектры операторов Перрона-Фробениуса // Докл. АН (РАН). 2003. Т. 390, No 3. С. 295–297.

第三章

某些经典文献

1. Boltzman L. Wissenschaftliche Abchandlungen. Vol. I–III. New York: Chelsia Publishing Company, 1968. (Reprint of a work first published 1909 in Leipzig). 有俄译本: Больцман Л. Лекции по теории газов. М.: ОНТИ, 1936.

Больцман Л. Избранные труды. (Молекулярно-кинетическая теория газов. Термодинамика. Статистическая механика. Теория излучения. общие вопросы физики.) М.: Наука, 1984.

Второе начало термодинамики. М.; Л.: Гостехиздат, 1934. Сб. работ: С. Карно, В. Томсон-Кельвин, Р. Клаузиус, Л. Больцман, М. Смолуховский.

2. Gibbs J. W. Elementary principles in statistical mechanics: developed with especial reference to the rational foundation of thermodynamics. New Haven, 1902. 有俄文译文: Гиббс Дж. В. Основные принципы статистической механики со специальным применением к рациональному обоснованию термодинамики // Термодинамика. Статистическая механика. М.: Наука, 1982. С. 350–508.

3. a) Einstein A. Über die von molekularkinetischen Theorie der Wärme geforgerte Bewegung von in rühenden Flüssigkeiten suspendierten Teilchen // Ann. Phys. 1905. Vol. 17. P. 549–560. 有俄文译文: Эйнштейн А. О движении взвешенных в покоящейся жидкости частиц, требуемом молекулярно-кинетической теорией теплоты // Собрание научных трудов. Т. III. М.: Наука, 1966. С. 108–117.

b) Einstein A. Zur Theorie der Brownschen Bewegung // Ann.

Phys. 1906. Vol. 19. P. 371–381. 有俄文译文: Эйнштейн А. К теории броуновского движения // Собрание научных трудов. Т. III. М.: Наука, 1966. С. 118–127.

4. Poincaré H. Thermodynamique. Deuxiéme édition, revue et corrigée. Paris: Gautier-Villar, 1908. 有俄文译文: Пуанкаре А. Термодинамика. М.; Ижевск: Изд-во РХД, 2005.
5. Лоренц Г. А. Статистические теории в термодинамике. М.; Ижевск: Изд-во РХД, 2001.
6. Ehrenfest P., Ehrenfest T. Begriffische Grundlagen der Statistischen Auffassung in der Mechanik // Enzyclopädie der Math. Wiss. Bd. IV. 1911.

后续文献

7. Боголюбов Н. Н. Проблемы динамической теории в статистической физике. М.; Л.: Гостехиздат, 1946.
8. Хинчин А. Я. Математические основания статистической маханики. М.; Ижевск: Изд-во РХД, 2002.
9. Березин Ф. А. Лекции по статистической физике. М.: МЦНМО, 2007.
10. Маслов В. П. Ультравторичное квантование и квантовая термодинамика. М.: УРСС, 2000.
11. Кац М. Вероятность и смежные вопросы в физике. 2-е изд, стереотип. М.: УРСС, 2003. (附录 I 包括 Г. Е. Уленбек 的讲义《玻尔兹曼方程》.)
12. Козлов В. В. Тепловое равновесие по Гиббсу и Пуанкаре. М.; Ижевск: Изд-во РХД, 2002.
13. Минлос Р. А. Введение в математичскую статистическую физику. М.: МЦНМО, 2002.
14. a) Синай Я. Г. Современные проблемы эргодической теории.

М.: Физматлит, 1995.

b) Синай Я. Г. Теория фазовых переходов. М.; Ижевск: Изд-во РХД, 2001.

15. a) Рюэль Д. Случайность и хаос. М.; Ижевск: Изд-во РХД, 2001.

b) Рюэль Д. Термодинамический формализм. Математические структуры классической равновесной статистической механики. М.; Ижевск: Изд-во РХД, 2002.

16. Шрёдингер Э. Лекции по физике. М.; Ижевск: Изд-во РХД, 2001.

17. Зоммерфельд А. Термодинамика и статистическая физика. М.: ИЛ, 1955; М.; Ижевск: Изд-во РХД, 2002.

18. a) Carathéodory C. Untersuhungen über die Grundlagen der Thermodynamik // Math. Ann. 1909. Vol. 67. P. 355–386. 收录于: Carathéodory C. Gesammelte Mathematische Schriften. Bd. 2. München, 1955. S. 131–166. 有俄文译文: Каратеодори К. Об основах термодинамики // Развитие современной физики. М.: Наука, 1964. С. 188–222. 那里还有: Борн М. Критические замечания по поводу традиционного изложения термодинамики. С. 223–257.

b) Carathéodory C. Über die Bestimmung der Energie und der absoluten Temperature mit Hilfe von reversiblen Prozessen // Sitzungsberichte der Preussischen Akademie der Wissenschaften Physikalisch-mathematische Klasse. Berlin, 1925. S. 39–47. 文集中还有: Carathéodory C. Gesammelte Mathematische Schriften. Bd. 2. München, 1955. S. 167–177.

19. Льоцци М. История физики. М.: Мир, 1970.

20. Фейнман Р. Фейнмановские лекции по физике. Кн. 4.: Кине-

тика, теплота, звук. М.: Мир, 1967.

21. Леонтович М. Л. Введение в термодинамику. Статистическая физика. М.: Наука, 1983.
22. Ферми Э. Термодинамика. М.; Ижевск: Изд-во РХД, 1998.
23. Ландау Л. Д., Лифшиц Е. М. Статистическая физика. М.: Наука, 1964.

附录 数学语言和数学方法[1]

(针对高级读者的说明)

---

1. 传说, 曾经有一个苹果落下, 砸在牛顿头上 (这个传说流传很广, 据一些资料称, 这应归功于一个有名的法国人阿鲁埃, 人们更常知道的是他的化名伏尔泰[2]). 只因为此刻之前, 牛顿的头脑中已经装着开普勒三大定律以及许多其他的东西, 所以结果也就与苹果落到别人头上大不相同了.

此事过后, 在作为一门科学的数学中发展出一些东西, 其中的某些部分在此后三百年中成为自然科学的基础知识.

迷宫, 要是从上面看, 也总是很简单的.

2. 在这里打算先就数学的整体谈一点看法, 从一个著名的例子开始.

---

①在米哈伊尔 · 阿法纳西耶维奇 · 布尔加科夫的小说《大师与玛格丽特》中, 众所周知, 魔法那场戏是以揭穿真相结束的.《数学语言和数学方法》这篇普及性的文章与本书有着类似的关系.

②姓 Arouet (准确的说法在其后还有 L(e) J(eun)) 的拉丁写法是 AROVETLI. 由此, 把字母作相应的置换就得到化名 VOLTAIRE (伏尔泰).

有一个传说比牛顿苹果更早，它就是阿基米德赤身裸体地在叙拉古的街上边跑边喊："埃夫里卡！埃夫里卡！"（找到啦！找到啦！）．这个传说有几个版本．我们将介绍其中两个，而后再仔细观察并作出结论．

我们援引科学院院士 M. Л. 加斯帕罗夫[①]的一段话：

"当初事情是这样的：叙拉古僭主希伦二世从金匠那里得到一顶金冠，想检验一下金匠是否掺了白银．这就需要比较这顶金冠与同样重量纯金块的体积是否相同．阿基米德慢慢进入灌满水的浴缸，看着被他的身体挤出来的水从浴缸边沿不断流出，突然间领悟到，用这种方法就能很容易地量出不同形状的两个物体的体积．"

流传更广一些的另一个版本如下[②]：

黄金和白银是分开来给金匠的，这两种金属的合金能做成坚固的制品．阿基米德必须弄清楚金匠是否把一部分黄金换成了白银，但不能破坏金冠．

设 x_1, x_2 分别是金冠成品中黄金和白银的克数．很容易称出总重 $x_1+x_2=A$ 并比较是否与给金匠的金、银总量相符．金匠不是傻瓜，这个数肯定是相符的．我们用弹簧秤称出金冠的重量，再把它浸入充满水的浴缸中，收集起溢出的水，并量出这些水的体积 V 和重量 P，同时，从弹簧秤上读出浸在水中的金冠的重量 B．再把得到的这些数据结合在一起．谁要是觉得难以理解，可以跳过这两段．

这两种金属的密度（单位体积物质的质量，但以地球上的重量代替质量）p_1, p_2 早就是众所周知的．

这样，量 $x_1/p_1=V_1$，$x_2/p_2=V_2$ 分别是金冠中每一种金属的体积，于是，$V_1+V_2=V$．

[①] Гаспаров М. Л. Занимательная Греция. Фортуна Лимитед, 2002. 第 362 页.

[②] 如果为真诚纪念 M. Л. 加斯帕罗夫 (1935—2005) 而写一本通俗易懂、专业性又强、还引人入胜的书，这个版本可能不太合适，但目前，它对我们来说更合适．

因此, 我们就有了如下关系:

$$\begin{cases} x_1 + x_2 = A, \\ \dfrac{x_1}{p_1} + \dfrac{x_2}{p_2} = V. \end{cases}$$

如果数学教会了我们不仅能够写出, 而且能够求解形如

$$\begin{cases} a_{11}x_1 + a_{12}x_2 = b_1, \\ a_{21}x_1 + a_{22}x_2 = b_2 \end{cases}$$

的方程组, 我们就能求出未知数 x_1, x_2, 从而完成这项国家任务, 得到一些酬劳维持生计. 我们还能解答其他类似的问题, 但最主要的大概还是得到那种发现的快乐, 就像在叙拉古的大街上飞奔并不断高喊 "找到啦! 找到啦!" 一样.

(学者通常是些爱好自由的人, 但为了探寻事物之间的关系, 他们已经准备好奉献一生.)

如果我们在处理其余实验数据时没有偷懒, 就会发现 $A - B = P$, 亦即: 浸在水中的物体所丢失的重量, 等于它所排开的水的重量.

噢, 这就是**阿基米德原理**!

(当然, 所说的一切对其他液体甚至气体都可以重复.)

这比叙拉古僭主希伦二世的金冠还要珍贵! 感谢他提出了这个问题, 其附加价值超过了问题本身.

不错, 在阿基米德以前就已经有了木筏、小船、海船. 可现在, 我们能设计轮船, 能在它入水之前就预估它的载重量. 现在, 我们还能设计飞艇, 以便把一些大型构件 (建设钻井架、观象台时用到的构件) 从空中运输到那些靠地面交通无法到达的地方.

3. 我们举出这个例子, 为的是以它作背景讲讲数学作为一门科学有些什么特点. 在这里, 我们不打算给数学下定义, 而是直接观察具体例子, 并确认一些已经明明白白摆在我们面前的事实.

数学使我们能把问题翻译成某种专门的语言 (符号, 等式 ……). 因此, 数学具有**语言**的属性.

但这也明显不同于对原始问题的直接翻译, 例如不同于从希腊语译成俄语或汉语. 根据任何一个这样的直接翻译, 一方面, 多少能恢复原问题的文本和内容; 另一方面, 经过这种翻译, 改变的只是写法, 而问题不变.

对于问题的数学表达或数学记法, 如果遗失了问题的原文, 我们就绝对丧失了把它恢复成具体的个别问题的可能性. 然而, 这时我们得到的是一个明确的数学问题 (在这里, 就是求解方程组), 它一旦解决了, 我们原来的具体问题以及所有与其类似的问题也就一并都解决了.

数学家找到的方法既能解方程组, 又能解乍一看除了数学家自己其他人都不感兴趣的问题. 事实上, 这类似于抽象的数, 它们是服务于很大范围内的具体对象和现象的.

因此, 数学常常不只是给出专门的**语言** (力求用它记述出现的问题, 并舍弃那些次要的东西), 而且也给出由此得来的纯数学问题的求解**方法**.

解决了纯数学问题后, 特别地, 我们也就能得到感兴趣的特殊问题的解答.

现在我们可以援引并评价以下几句格言:

自然界这部伟大的书是用数学语言写的 (伽利略).

如果有适合于发现的符号, 那么, 通往真理的道路就会大大缩短 (莱布尼茨).

数学是以同样的名字称呼不同事物的艺术 (庞加莱).

再补充一段引文, 摘自上面提到的加斯帕罗夫的书:

"遵照阿基米德的遗嘱, 在他的墓前立了一个有内切球的圆柱作为纪念碑, 上面刻着由他发现的圆柱与内切球的体积之比 —— $3:2$. 一百五十年过后, 著名罗马作家西塞罗在西西里工作时还看到过这个已被遗忘的纪念碑, 那里长满了黑刺李."

希腊人阿基米德以前住过的地方, 早已不属于希腊了. 消失的不只是伟人的墓, 还有整个国家和文明, 但阿基米德原理仍然与日月同在. 这里集中体现出了真理与科学的永恒价值和无限魅力.

当然, 还可看到数学中还有许多其他方面的东西. 例如, 罗蒙洛索夫不无根据地指出, “数学使智慧变得井然有序.” 数学还教会人们倾听论证和尊重真理.

4. 数学虽然让人感到抽象, 却要从自然科学问题中汲取营养, 又毫不吝啬地用自己这片沃土上长出的果实回报自然科学. 这就像呼吸一样. 无论是在科学中, 还是在其教学中, 破坏这个平衡都是危险的. 枯燥乏味、抽象空洞的经院式科学是注定要灭亡的.

5. 由于这个缘故还有些要说的事.

典型的数学命题是:

定理. 如果怎么怎么, 则怎么怎么.

它的另一个写法是: $A \Rightarrow B$ (由 A 可导出 B).

数学课本通常都非常细致地研究 ($\Rightarrow B$ 的) 每一步细节, 亦即给出尽量详细并且在逻辑上无可挑剔的证明过程, 使人们确信, 由 A 的确能推出 B.

如果假定 A 本身缺乏内涵, 无关痛痒, 不够自然, 那么, 只有非常天真和没有经验的人, 其中也包括一些数学工作者, 才喜欢那种定理. 无论如何都应当认识到, 数学定理中的假定 A, 与其他部分绝对有平等的地位, 它是极其本质而非形式主义的成分.

为了对此进行说明, 我们来回顾吉布斯 (经典热力学和统计力学的数学基础的奠基人) 的一句话. 据目击者称, 寡言少语的吉布斯在他工作过的耶鲁大学的一次讨论会上就讲了这么一句简短的话. 那次讨论会的主题是数学的作用和地位、数学公理化方法, 以及数学与物理学和自然科学的相互作用.

吉布斯站起来, 说:

“数学家可以做他认为应该做的一切, 但是不应当违背物理学家的一些合理的想法.”

说完, 他就坐下了, 再也没有参加争论.

当然, 吉布斯不无讽刺意味的表达, 与五十年后的杰出数学家和思想家赫尔曼 · 外尔写的一样:

"数学智慧的形成既是自由的, 也是必然的. 数学家个人具有定义自己的概念并按意愿建立自己的公理系统的自由. 但问题在于, 他凭个人的想象力所得的成果能否引起其他数学家同行的兴趣. 我们不可能感受不到, 由许多学者共同努力发展起来的那些数学结构都打着必然性的烙印, 而不涉及它们在历史上出现时的偶然性. 每个洞悉现代代数学发展的人, 都会对自由和必然的这种互补性感到震惊."

新问题进入数学家的视野 (吸气), 对它们进行深入思考、求解、推广, 并在此基础上建立新的抽象数学理论 (呼气), 这就是数学科学研究的一个自然工作循环. 在一个历史阶段中, 实际资料的积累占主导地位; 在另一个阶段中, 占主导地位的是总结并向不同地域传播①, 或逻辑加工及形式化②. 此外, 有时, 这些环节在一个单独的领域内, 甚至是在同一个大数学家的著作中都能看到 (他在不同阶段所研究和倡导的可能并不相同, 这并不算是虚伪 —— 当然前提是并未否定事实本身).

6. 科学中的阶段性飞跃常常是用有趣而独特的方法实现的, 这在像理论物理和数学这样的抽象科学领域中表现得特别明显.

设想有一个沙漏计时器. 为了使它能正常地工作, 必须不停地把它翻过来倒过去.

在数学中也是这样. 首先收集到许多新鲜有趣的事实, 从中找出从某方面来讲核心的、关键的、能够把原有事实联系起来的东西, 并把这些东西当做具有颠覆性且涵盖了数学乃至宇宙中更大范围事实的初始原理 (例如把定理当做公理), 以便在此基础上继续发展.

例如, 牛顿定律源于伽利略和开普勒的发现, 但从牛顿定律出发便可导出开普勒三大定律以及许多其他的结果. 随着物理学进一步发展, 出现了一些新的力学变分原理, 它们描述更多非中心力的现象和相互

①例如, 在19世纪末到20世纪初, 根据 F. 克莱因的建议, 在德国出版了《数学科学百科全书》.

②在 N. 布尔巴基的还算较新的多卷本著作中.

作用.

从某种意义上看, 科学理论的范围在这些变更时期发生了变化: 基本原理被替换并且数量更少, 但是它们涵盖和关联的对象和现象的范围却扩大了.

(顺便说一句, 那些抱怨教学大纲过于繁重的人通常并未注意到学科范围的变化.

还有一点, 也许我说得不是时候. 发财的方法有两种: 一是攫取一切财富为己所有, 如战争, 抢劫; 二是创造价值, 如持续地认真工作.

那些好大喜功的国家, 更愿意使用第一种方法.

洛伦兹是一位杰出的荷兰人, 是许多物理学家的导师. 爱因斯坦证实[1], 洛伦兹在谈到第一次世界大战时, 曾谦恭地说: "我很幸运, 我所属的国家是一个干不成大蠢事的不足道的小国."

据说, 前不久 (也可能就是现在), 在日本的儿童识字课本中有大致这样的话: "我们的国家很小, 也很穷. 为了使她富起来, 我们应当更多更好地工作."

芬兰在以前只是俄罗斯的一个落后的省, 现在却向我们展示出自己诚实劳动和尊重规律的丰硕成果.

科学的归纳方法, 在某些时候, 比 "天上掉馅饼" 的方法更扎实可靠.)

7. 现在就所谓高等数学讲几句.

高等数学的特征是什么? 我们约定, 这里所说的高等数学指的是, 在牛顿和莱布尼茨的著作中已经形成, 并在后来的三百年中得到蓬勃发展的数学.

这门数学不仅研究常量, 还研究**发展的过程**.

对于整个科学具有基本意义的**函数**的概念出现了, 并逐步形成了它的准确定义.

---

[1] Эйнштейн А. Г. А. Лоренц как творец и человек. Собрание научных трудов. Т. 4. М.: Наука, 1967. 第 334–336 页.

利用**导数**这个术语, 任意变量的变化速度和加速度有了与其含义完全相符的数学表达式.

新的语言和新的**运算**产生了 (当依据给定函数关系求量的相对变化速度时, 要作**微分运算**; 而当求解相反的问题时, 例如依据速度或加速度求运动物体 (譬如潜水艇) 的位置时, 要作**积分运算**).

如果不是在整体上考察教育问题的话, 至少对于自然科学教育, 这种微分和积分运算的基础内容, 像乘法表一样, 现在是必不可少的组成部分.

这是为什么呢? 我们来作一个说明. 如果 $x = x(t)$ 是运动规律, 亦即物体的坐标对时间的依赖关系, 那么, 用微分运算可求出它的速度 $v = x'(t)$ 和加速度 $a = x''(t)$.

如果已知物体的质量 m 和作用在它上面的力 F, 则根据牛顿定律应成立关系式

$$mx'' = F.$$

这是一个包含导数的等式 (在这种情形下, 它包含未知函数 $x(t)$ 的二阶导数 $x''(t)$). 如果我们对这个物体在给定的力 $F(t)$ 的作用下将怎样移动感兴趣, 那么我们就要寻找在这种情况下满足上述方程的未知依赖关系 $x = x(t)$.

所以有必要研究并求解一种全新类型的方程 —— **微分方程**.

这也是一个纯数学问题 (它是从行星运动、星系演化、核反应堆运行、面包烤制, 以及银行储蓄、保险金、微生物、鱼和水生生物种群、捕食者和被捕食者的数量变化等抽象出来的). 但它与这一切有直接关系.

这样, 当数学建立起一种能为某一类问题提供解决方法的理论时, 它也就为我们提供了研究一个新领域内所有具体现象的工具. 现象可能是早已存在的, 就像在阿基米德原理出现以前就已经有了木筏, 但现在我们对它们理解得更好. 准确地说, 我们建立了它们的数学模型, 我们不仅理解这个数学模型, 而且能借助于数学工具在某种程度上处理

它. 通常, 只需一个这样的应用就足以补偿文明社会为数学家慷慨支付的粉笔费.

赫尔曼 · 外尔指出: “自然科学的全部知识是以观察为基础的. 但观察只能确定事物的状态. 怎样预见未来呢? 为此必须把观察与数学结合起来.”

假如没有数学, 自然就不会有我们所知道的牛顿、麦克斯韦、爱因斯坦、外尔 ⋯⋯, 而我们每天都能坐享其成果的文明也就不复存在. 为了更清楚一些, 请用片刻时间设想一下我们人类失去词汇、语言、话语的情景①. 我不讨论孰好孰坏, 只想讲清楚另一种可能性和数学的地位.

最后, 关于上面所说的数学, 我再补充一点很一般性的东西. 我引用理查德 · 费曼写的生动、明快且内容丰富的一本书《别闹了, 费曼先生》中的一页 (M.; Ижевск: Изд-во РХД, 2001. 第 298 页). 事情发生在瑞典, 那天是颁发诺贝尔奖的日子. 下面是引文②.

“晚饭后, 我们走到另一个房间, 大家三三两两交谈. 有一位丹麦的某某公主在其中一桌, 一群人围绕着她. 我看到那桌有个空位, 就坐下来.

她转头对我说: ‘噢! 你是诺贝尔奖得主. 你是做哪方面的研究?’

‘物理.’ 我说.

‘噢, 没人懂得任何关于物理的东西, 所以我猜我们没办法谈物理.’

‘刚好相反,’ 我回答: ‘有人懂得物理时, 我们反而不能谈物理. 没有人懂的东西才是我们可以谈论的事情. 我们可以谈天气、社会问题、心理, 我们可以谈国际金融 —— 但是不能谈黄金买卖, 因为大家都懂黄金买卖了 —— 所以大家都可以谈的事情, 正是没有人懂的事情!’

我不知道这些人是如何办到的: 他们有一种让脸上出现寒霜的方

①对某些人, 更有说服力的可能是要他们丢开手机、电视以及其他一些可有可无的东西. 苏格拉底曾经说: “原来我不需要的东西竟如此之多.”

②译文引自: R. 费曼. 别闹了, 费曼先生. 吴程远译. 北京: 生活 · 读书 · 新知三联书店, 1997.

法, 她正是个中高手! 她立刻转过头去跟别人谈话了.

过了一会儿, 我明白他们的谈话完全把我排拒在外, 便起身走开. 坐在同一桌的日本大使起来跟着我. 他说: ‘费曼教授, 我想告诉你一些关于外交的事情.’

他讲了一个很长的故事, 提到有个日本年轻人进大学念国际关系, 想要对国家有所贡献. 大二的时候, 他开始有些痛苦, 怀疑自己究竟在学什么. 毕业后, 开始在大使馆工作, 更怀疑自己对外交有多少了解. 最后, 他终于明白, 没有人懂得关于国际关系的任何事情. 想通了这个道理之后, 他就有资格成为大使了! ‘所以, 费曼教授, 下次要举例说明每个人都在谈论大家都不懂的东西时, 请把国际关系也列在名单里头!’

他是个非常有趣的人, 我们就谈起来. 我一直对于不同国家和不同民族如何有不同的发展, 十分感兴趣. 我告诉这位日本大使, 我一直对一件很不寻常的事情感兴趣: 日本如何能这么快速地发展成这样现代化的世界强国呢? ‘日本人能够做到这地步, 跟日本人性格或作风中的哪一面有关?’ 我问.

大使的回答深得我心. 他说: ‘我不知道. 我只能假设, 但我不知道那正不正确. 日本人相信他们只有一种出头的方式, 就是让子女受更多的教育, 比自己受的教育更多. 对他们而言, 脱离农夫的地位, 成为知识分子是很重要的事. 所以每个家庭里都勤于督促小孩, 要在学校有良好的表现, 努力上进, 因为这种不断学习的倾向, 外来的新观念会在教育体系中很快地散播, 也许那是日本快速发展的原因之一.’ ”

相关图书清单

(书号前缀为 978-7-04-0xxxxx-x)

序号	书号	书名	作者
1	18303-0	微积分学教程 (第一卷) (第8版)	[俄] Г. М. 菲赫金哥尔茨
2	18304-7	微积分学教程 (第二卷) (第8版)	[俄] Г. М. 菲赫金哥尔茨
3	18305-4	微积分学教程 (第三卷) (第8版)	[俄] Г. М. 菲赫金哥尔茨
4	34526-1	数学分析原理 (第一卷) (第9版)	[俄] Г. М. 菲赫金哥尔茨
5	35185-9	数学分析原理 (第二卷) (第9版)	[俄] Г. М. 菲赫金哥尔茨
6	18302-3	数学分析 (第一卷) (第4版)	[俄] В. А. 卓里奇
7	20257-1	数学分析 (第二卷) (第4版)	[俄] В. А. 卓里奇
8	34524-7	自然科学问题的数学分析	[俄] В. А. 卓里奇
9	18306-1	数学分析讲义 (第3版)	[俄] Г. И. 阿黑波夫 等
10	25439-6	数学分析习题集 (根据2010年俄文版翻译)	[俄] Б. П. 吉米多维奇
11	31004-7	工科数学分析习题集 (根据2006年俄文版翻译)	[俄] Б. П. 吉米多维奇
12	29531-3	吉米多维奇数学分析习题集学习指引 (第一册)	沐定夷、谢惠民 编著
13	32356-6	吉米多维奇数学分析习题集学习指引 (第二册)	谢惠民、沐定夷 编著
14	32293-4	吉米多维奇数学分析习题集学习指引 (第三册)	谢惠民、沐定夷 编著
15	30578-4	复分析导论 (第一卷) (第4版)	[俄] Б. В. 沙巴特
16	22360-6	复分析导论 (第二卷) (第4版)	[俄] Б. В. 沙巴特
17	18407-5	函数论与泛函分析初步 (第7版)	[俄] А. Н. 柯尔莫戈洛夫 等
18	29221-3	实变函数论 (第5版)	[俄] И. П. 那汤松
19	18398-6	复变函数论方法 (第6版)	[俄] М. А. 拉夫连季耶夫 等
20	18399-3	常微分方程 (第6版)	[俄] Л. С. 庞特里亚金
21	22521-1	偏微分方程讲义 (第2版)	[俄] О. А. 奥列尼克
22	25766-3	偏微分方程习题集 (第2版)	[俄] А. С. 沙玛耶夫
23	23063-5	奇异摄动方程解的渐近展开	[俄] А. Б. 瓦西里亚娃 等
24	27249-9	数值方法 (第5版)	[俄] Н. С. 巴赫瓦洛夫 等
25	37341-7	线性空间引论 (第2版)	[俄] Г. Е. 希洛夫
26	20525-1	代数学引论 (第一卷) 基础代数 (第2版)	[俄] А. И. 柯斯特利金
27	21491-8	代数学引论 (第二卷) 线性代数 (第3版)	[俄] А. И. 柯斯特利金
28	22506-8	代数学引论 (第三卷) 基本结构 (第2版)	[俄] А. И. 柯斯特利金
29	18946-9	现代几何学 (第一卷) 曲面几何、变换群与场 (第5版)	[俄] Б. А. 杜布洛文 等
30	21492-5	现代几何学 (第二卷) 流形上的几何与拓扑 (第5版)	[俄] Б. А. 杜布洛文 等
31	21434-5	现代几何学 (第三卷) 同调论引论 (第2版)	[俄] Б. А. 杜布洛文 等
32	18405-1	微分几何与拓扑学简明教程	[俄] А. С. 米先柯 等
33	28888-9	微分几何与拓扑学习题集 (第2版)	[俄] А. С. 米先柯 等
34	22059-9	概率 (第一卷) (第3版)	[俄] А. Н. 施利亚耶夫
35	22555-6	概率 (第二卷) (第3版)	[俄] А. Н. 施利亚耶夫

(续表)

序号	书号	书名	作者
36	22554-9	概率论习题集	[俄] А. Н. 施利亚耶夫
37	22359-0	随机过程论	[俄] А. В. 布林斯基 等
38	37098-0	随机金融数学基础 (第一卷) 事实•模型	[俄] А. Н. 施利亚耶夫
39	37097-3	随机金融数学基础 (第二卷) 理论	[俄] А. Н. 施利亚耶夫
40	18403-7	经典力学的数学方法 (第4版)	[俄] В. И. 阿诺尔德
41	18530-0	理论力学 (第3版)	[俄] А. П. 马尔契夫
42	34820-0	理论力学习题集 (第50版)	[俄] И. В. 密歇尔斯基
43	22155-8	连续介质力学 (第一卷) (第6版)	[俄] Л. И. 谢多夫
44	22633-1	连续介质力学 (第二卷) (第6版)	[俄] Л. И. 谢多夫
45	29223-7	非线性动力学定性理论方法 (第一卷)	[俄] L. P. Shilnikov 等
46	29464-4	非线性动力学定性理论方法 (第二卷)	[俄] L. P. Shilnikov 等
47	35533-8	苏联中学生数学奥林匹克试题汇编 (1961—1992)	苏淳 编著